同時與異界

多維時空的解祕

—— 攣生子悖論 ✕ 霍金輻射 ✕ 黑洞戰爭 ✕ 史瓦西解 ——

張
天
蓉 著

沒把「時空」的問題弄懂，都不知道這些科學家們到底在幹嘛！

- -

黑洞不僅不是洞，甚至還會逃逸？
雙胞胎同時落地，什麼情況下年紀竟會相差 20 歲？

每天花著同樣時間、穿梭在不同空間，你真的懂「時空」嗎？
那些你聽了也不一定能明白的悖論與定理，相對論這麼說……

Table of contents

目 錄

造物者的奧祕

一、時間空間之謎

二、黎曼幾何

目錄

五、茫茫宇宙

附　錄

造物者的奧祕

當你仰望繁星密布的夜空、環顧神祕莫測的宇宙，你可能會提出種種疑問：星星到底有多少？宇宙究竟有多大？實際上，從遠古時代起，人類就開始對天體運行及宇宙起源進行探索和思考，無論是西方《舊約》中的上帝創世紀，還是中華神話中的盤古開天地，都將天地宇宙描述成處於永恆的運動和變化之中。即使後來人類掌握了科學這個銳利的武器，也仍然賦予宇宙動態的圖像，而非靜止和一成不變。既然宇宙處於不停的變化之中，那麼，它變化的歷史如何？它是否有起點和終點？它是如何演化成我們現在觀察到的這種形態？它未來的命運如何？對這一大串問題，也許每種宗教，甚至每個人，都有自己的說法。但我們更感興趣的是，科學家們如何回答這些問題，更為具體地說，物理學家們是如何回答這些問題的？

科學是人類走向文明過程中創造的奇蹟，是古往今來成百上千位科學家們心血和智慧的結晶。科學研究探索的是萬物之本。萬物之本是什麼？從古到今，不同學派給出不同答案。畢達哥拉斯認為「萬物皆數」。但萬物皆由物質構成，萬物之本應與研究物質的物理學有關。物理學是「究物之理」的科學，探討研究從無限小的微觀世界，到無限大的宏觀世界，擔當了「上窮碧落下黃泉」的艱巨任務。

在物理學中，有一個偉大的物理學家名字，寫在每一個現代基礎物

理理論的篇章中，他就是愛因斯坦。

其實，何止是物理學。在偉大的科學巨匠中，愛因斯坦在群眾裡產生的影響力無人能比，他的照片連小學生都認識，他的名字家喻戶曉。如今，這位偉人離開這個世界已經超過半世紀了，他所做出的幾項最傑出貢獻，包括 1905 年提出光電效應和狹義相對論，以及 1915 年建立的廣義相對論，都已經是 100 年前的故事了。

儘管每個人都知道愛因斯坦的名字，但卻未必了解他的工作。就此而言，愛因斯坦和牛頓在民眾心目中的印象不一樣。經典的牛頓力學實例，在日常生活中隨處可見：當你坐在加速運動的汽車上，可以感覺到力的作用，你知道如何運用牛頓第二定律來計算加速度和力的關係；當你和對面跑過來的朋友撞在一起，大家都感覺到痛楚時，你會用牛頓第三定律，即作用力等於反作用力來解釋這個現象，因為那是物理課學過的內容。但如果問你，愛因斯坦對物理學的貢獻到底是什麼？那就不是人人都能說出個所以然的了。也許很多人都會用一個詞彙來回答這個問題：相對論啊！然而，相對論又是什麼呢？愛因斯坦為什麼想到要創立兩個相對論呢？相對論在物理學及各門科學、各行各業中有哪些應用？這兩個理論與現實生活能連結起來嗎？多數人可能就難以回答了。

1905 年被稱為愛因斯坦的奇蹟年，這一年內他發表了 6 篇有影響力的論文，分別引領了物理學三個不同領域的研究方向。其中的狹義相對論徹底改變了人們的經典時空觀；有關光電效應的文章，揭開了量子革命的篇章；另一篇則從分子運動的理論解釋布朗運動，對物理學有所貢獻。

100 多年前的 1915 年，愛因斯坦提出了他最引為得意的廣義相對論，這個理論至今仍然是天體物理及宇宙學中建立天體星系運動模型以及宇宙演化模型的理論基礎。近年來，該領域中熱門研究的大爆炸（Big

Bang，大霹靂）理論、暗物質、暗能量等，也都與此有關。

愛因斯坦曾經說過一句名言：「我想知道上帝是如何設計這個世界的。」

我們不妨將上文中的「上帝」理解為「大自然」。因此，愛因斯坦提出了物理學，也是科學研究的一個最基礎問題：大自然的祕密是什麼？大自然的脈搏如何跳動？大自然在造物時遵循哪些基本原理？

從古時候開始，人類就對造物主的祕密、宇宙的起源等問題潛心探索、追尋不止。本書的目的便是向廣大讀者介紹兩個相對論的基本概念，帶領讀者探索、了解愛因斯坦建立相對論的大概思路歷程。此外，也簡單介紹與這兩個理論相關的天文學、宇宙學方面的最新進展。讓讀者體會到科學家「了解自然規律、探索大自然造物祕密」的科學方法，從而啟發民眾對科學的興趣和思考。

令人感到十分遺憾的是，愛因斯坦將他天才的後半生貢獻給一項前途渺茫的研究。他一直在理論物理中尋找一條統一之路，想將所有物質及各種基本的相互作用囊括在一個單一的理論框架中，那是愛因斯坦最後的夢想。儘管愛因斯坦為此奮鬥了幾 10 年都沒有獲得成功，但這個夢想已經深深扎根在理論物理學家們的心中，一直是理論物理學研究的中心問題之一。

在這本小小的通俗讀物中，作者先用短短的篇幅，簡單概括了牛頓力學及馬克士威電磁理論。然後，從經典理論碰到的困難引出愛因斯坦建立相對論的思考和歷史過程。第 1 章主要介紹狹義相對論的基本概念。第 2 章介紹廣義相對論少不了的數學工具：黎曼幾何。對此，作者盡量少用公式，而是從幾何直觀和物理應用的意義來引進黎曼幾何，並重點突出內蘊幾何思想的重要性。作者在第 3 章敘述、解釋幾個狹義相對論引發的有趣悖論及質能關係式。第 4 章介紹廣義相對論的基本思

想。第 5 章主要介紹宇宙學中的大爆炸理論、暗物質、暗能量等假設的來龍去脈、最新研究狀況等。本書使用輕鬆有趣的語言，配以精美的圖片，由物理專業人士寫成，適合各領域的大學生、研究生、對科學感興趣的高中學生，以及所有渴求科學知識的大眾閱讀。

作者在書中盡量避免使用技術術語和令人心煩的數學公式，代之以優美流暢、引人入勝的文筆，並用圖解的方法，介紹看起來深奧的物理理論。因為公式都可以在相關的教科書裡找到，而科普書不同於教科書，它的目的是激發讀者對該學科的興趣，進而也帶領讀者輕鬆入門。實際上，很多學生缺少的不是公式和運用公式來進行計算的技巧，而是建立公式和理論時科學家們的思路歷程。科學家們是如何發現問題的？他們歷經了什麼樣的困難？他們又是如何想到解決問題的方法？因此，本書將少量的公式和推導放到附錄中。且寫出這些公式的重點也不是公式本身，而是透過敘述公式背後的故事，探討發現自然規律的歷史，使讀者從看起來枯燥無味的數學中，發現其背後隱藏的生動靈感和科學精神。

此外，本書雖然是一本科普書，卻著眼於追尋自然和宇宙的本質問題，因而也包含一些具有真正學術價值的資料，涉及許多奮戰在科學研究前線的科學家正在思考、解決的問題。且處處以物理學理論為根基，讓一般讀者感到別開生面、值得一讀，也會令專業人士感到分外親切，輕鬆了解或重溫黎曼幾何、相對論這些聽起來神祕高深的理論。

本書也將介紹與愛因斯坦相對論有關的幾個基本物理學原理：最小作用量原理、對稱性原理、相對性原理、等效原理等。廣義而言，這幾個基本原理已經超越物理原理的範圍，可說成是大自然的基本原理，也許這就是愛因斯坦所追求的「上帝造物」的部分祕密？當讀完本書之後，可能對愛因斯坦的疑問，你能得出一些自己的新理解和新結論。

100 多年過去了，偉人是否後繼有人？理論物理、天文及宇宙學路向何方？這些不是容易回答的問題。然而，廣義相對論建立後的這段歷史時期中，為了繼承這位先輩的衣缽，眾多科學家們始終在努力奮鬥。

　　況且，誰能說本書的讀者裡，沒有將來的第 2 個愛因斯坦呢？

一、時間空間之謎

1

牛頓點亮的火把

　　牛頓和愛因斯坦是物理學史上的兩個豐碑。物理學終究不同於數學。在數學裡，歐幾里得可以根據 5 條公理建立歐幾里得幾何。數學家們將其中的平行公設作些許改變，又建立了雙曲幾何和球面幾何。物理理論的建立需要以實驗觀察為基礎。實驗觀察都是在一定的坐標系，或者說一定的「參考系」下進行的。參考系變化時，觀察到的物理規律會變化嗎？哪些會變化？哪些不會變化？牛頓和愛因斯坦都在這些問題上思考和做文章，才發展出各種物理理論。

　　回顧物理學史，科學家為了科學而戰鬥，甚至獻身的例子不少。哥白尼在垂危之際，才勇於發表和承認他的日心說理論；伽利略晚年時也因為堅持科學而受到羅馬天主教會的迫害，被教會關押過；最令人驚心動魄的，莫過於布魯諾為了反對地心說而被教會活活燒死的事實。這幾位物理學家所堅持和捍衛的是什麼？從物理的角度來看，實質上也都與物理觀察所依賴的參考系有關。

　　人類有了文化、會思考之後，便認定自己所在的世界 —— 地球，應該是宇宙的中心。這似乎是順理成章、理所當然的。這種以人為本的原

始觀念，也與當時粗略的天文觀測結果相符合。太陽、星星和月亮等，每天周而復始地東升西落，很容易使人得出「一切都圍著地球這個宇宙中心而旋轉」的結論。當然，人們對天象的這點直觀認知還建立不了科學。地心說是在西元 2 世紀時被希臘著名天文學家托勒密（Claudius Ptolemacus）根據觀察資料而建立和完善的數學物理模型。換言之，從物理的角度來看，地心說認為地球是一個堅實、穩定、絕對靜止的參考系。

中國古代對宇宙也有類似的認知。以東漢天文學家張衡為代表的「渾天說」，描述「渾天如雞子。天體圓如彈丸，地如雞子中黃，孤居於天內」，便是一個地球居於世界中心的「雞蛋宇宙」圖景。追溯歷史，幾乎在每一項科學理論的發展過程中，古人都能找出某種說法，或表達清晰，或表達模糊。總之，往往是在早於西方有所發現時，中國就有某某古人預測或發現了某科學理論（之萌芽）。正如有些人說的：易經中蘊含了二進制；烏龜背上馱著現代數學；更有甚者，把佛教與現代物理扯上關係；還有人斷言：算命卜卦的法則裡，也蘊含很大的科學道理。筆者並不想與持這些觀點的人辯論，但實在不希望看到「科學」這個名字被隨意使用。事實上，中國古代的確有過幾位傑出的科學家。但令人深思的是，西方古人的原始想法，往往能發展成某種學說，並由後人繼續研究而終成正果，進而使科學成為西方文化的一部分。其實，與其對祖先的智慧津津樂道，不如致力於學習和宣傳真正的科學，摒棄偽科學，讓科學的思想、理念和方法，真正融入文化之中。

托勒密的地心說統治歐洲達 1,000 多年之久，直到 16 世紀初波蘭天文學家哥白尼（Nicolaus Copernicus）提出日心說為止。

哥白尼將宇宙的中心從地球移到了太陽。並非他故意要與教廷的宗教作對，而是從物理學的角度出發，得到了科學的結論。因為地心說解釋不了越來越精確的天文觀測結果。舉一個最簡單的例子，比如，最初

的地心說認為所有星球都以地球為中心，按照「正圓」轉圈。那麼，每顆行星在圓周運動的過程中，與地球的距離應該是一個常數。這樣的話，從地球上看起來的每顆行星應該總是保持相同的亮度。但這點顯然不符合觀測到的事實，大多數星星的亮度都是不斷變化的。因此，托勒密修改了地心說理論，修改後的主要架構認為：行星以偏心點為圓心，繞本輪和均輪兩個正圓轉動。如圖 1-1-1 所示，每個行星除了繞地球的「均輪」大圈運動之外，還有自己的「本輪」小圈運動。

但隨著天文觀測資料越來越多，測量越來越精確，加在地心說模型上的本輪和均輪也越來越多，宇宙的托勒密圖景變得非常複雜。再則，地心說也解釋不了某些行星在運行中突然「倒行逆轉」的現象。

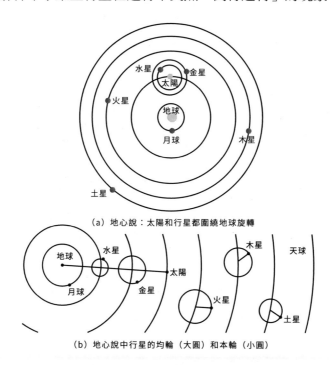

（a）地心說：太陽和行星都圍繞地球旋轉

（b）地心說中行星的均輪（大圈）和本輪（小圈）

圖 1-1-1　地心說的太陽系模型：均輪和本輪

「樹欲靜而風不止」，哥白尼並非要反對宗教，但宗教卻容不下他的科學。經過長期（近 40 年）的觀測、研究和計算，哥白尼發展了日心說。但迫於教會的壓力，他對自己的研究成果陷入猶豫和徬徨之中，直到生命垂危之際，才終於發表了他的理論。

在數學上，牛頓天才地創建了他所需要的數學：微積分。利用這個有力的工具，牛頓在伽利略、哥白尼等人學說的基礎上得到了牛頓 3 定律以及萬有引力定律。在牛頓之前，伽利略、克卜勒和哥白尼等人的學說還僅限於一些孤立的、局部適用的物理概念，而牛頓的運動定律將天體運動與人們日常生活中常見的物體運動，用一個統一的物理規律來描述，創立了邏輯上完整的、具有因果性的經典力學體系。

牛頓力學的精髓是什麼？它可以只用一個簡單的數學公式來描述：

$$F = ma$$

這個簡單公式背後的含義是慣性和力之間的關係。慣性與力是牛頓力學的兩個最基本概念，慣性是物體內在的根本屬性，與質量 m 有關；外力 F 透過慣性產生作用，克服慣性而產生加速度 a。

牛頓經典力學還有一個重要的結論，它描述了一個決定論的世界圖景。因為有了運動規律之後，便有了運動的微分方程式，根據最初微分方程式的理論，人們利用運動物體的坐標及速度的初始值、運動方程式，就可以確定地知道該物體的未來和過去。也就是說，利用牛頓的經典力學體系，不僅能解釋已有的實驗事實和天文觀測現象，還能預言未來將發生的物理現象和物理事實。比如，天文學家根據萬有引力定律，預言、發現並最後證實了海王星和冥王星的存在，就是對牛頓力學的一個有力佐證。

人類從古代就開始觀測夜空中的星星。太陽系中的大多數行星，都是先透過肉眼或望遠鏡看到，然後根據觀測數據，計算出它們的運動軌

道而證實的。在 1781 年發現的天王星，是當時太陽系的第 7 顆行星。但是，當天體學家計算天王星的軌道時，發現理論算出的軌道，與觀測資料相差很遠，不相符合。是什麼原因造成計算值和觀測值的差異呢？牛頓引力定律不正確？觀測的誤差？排除了這些想法之後，大多數人認同有人提出的「未知行星」假說，認為存在一顆比天王星更遠的太陽系新行星，它的引力作用使天王星的軌道發生攝動。

後來，英國的亞當斯（John Couch Adams）和法國的勒威耶（Urbain Jean Joseph Le Verrier）進行了大量的計算，分別獨立地預測了新行星的軌道和質量。亞當斯向劍橋天文臺和格林威治皇家天文臺報告了他的結果，預言在天空某處將有可能觀測到一顆新的行星。後來果然在偏離預言位置不到 1° 的地方發現了這顆行星，它被命名為海王星。1930 年，24 歲的美國天文愛好者湯博（Clyde William Tombaugh）發現了後來被「開除」出大行星行列的冥王星，這是後話。

愛因斯坦曾經將海王星發現的故事比喻為推理偵探小說破案抓罪犯的過程。的確是這樣，這種方法後來成為物理和天文學界常用的方法。

牛頓力學是普適的，不論對地面上周圍物體的運動，或是天體的運動，都能應用。牛頓力學的巨大成功，使物理學家們歡呼雀躍，以為物理學的宏偉大廈已經大功告成，後人的工作只是裝潢修飾、補補貼貼就可以了。決定論者更是甚囂塵上，以為世界及宇宙中一切事物的未來，都可以根據現在的數值決定，拉普拉斯惡魔便是其中最著名的例子。

在牛頓建立的微積分及經典力學的基礎上，物理學家提出「最小作用量原理」，是一個令人神往、震撼的自然原理。據說著名物理學家費曼（Richard Phillips Feynman）在讀高中時，聽到這個原理後就被其深深吸引，且影響了他在物理中的研究方向。費曼用路徑積分的方法來詮釋量子理論，就是最小作用量原理在量子力學中的一種表述。

最小作用量原理最早由法國數學家、物理學家德・莫培鉅（Pierre Louis Moreau de Maupertuis，1698 ～ 1759）第一次提出。這個原理說的是，物理規律總是使某種被稱為「作用量」的物理量取極值。物理學家是從光線傳播的費馬原理了解最小作用量原理的。比如說，圖 1-1-2（a）中的光線入射到空氣和水交界處時發生折射，是使光線沿著時間花費最少的路徑傳播，與圖 1-1-2（b）中，救援者需要比較他跑步的速度和游泳的速度，以選擇能最快到達溺水者地點的最佳路線，所考慮的情況一樣。在圖 1-1-2（c）中描述的是，上拋小球的軌跡是一條虛線所示的拋物線，而不是那條彎彎曲曲的點線，其原因也是遵循最小作用量原理而成的運動軌跡。

如果大自然這個「上帝」在建造世界時真有什麼「計畫、藍圖」的話，這個最小作用量原理應該夠資格算上一個。實際上，不僅是牛頓力學，也不僅是物理學，人們發現在許多別的學科中，也遵循作用量為極值的原理。令人不解的是，一條光線怎麼會「知道」哪條路線才是極值（最快）的路線呢？大自然的匠心獨具令人不得不稱奇不已。自然界好像是個異常精明的設計師，它總是透過最簡單、最經濟的方法來構建世界。這個原理便被稱為最小作用量原理。

拉格朗日（Joseph-Louis Lagrange）和哈密頓（Sir William Rowan Hamilton）等人創建的分析力學，便是從最小作用量原理出發建立起來的。它們是與牛頓力學等價的力學體系，可以從中推導出牛頓運動定律。哈密頓和拉格朗日的工作充分體現出物理之美、數學之美，正如哈密頓自己所言：「使力學成為科學的詩篇」。

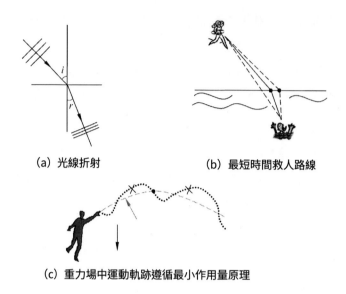

(a) 光線折射　　　　　　　　　(b) 最短時間救人路線

(c) 重力場中運動軌跡遵循最小作用量原理

圖 1-1-2　最小作用量原理的實際應用

　　牛頓對科學的貢獻是巨大的，這位上帝派來的使者，為人類點亮了科學殿堂的第一盞明燈。人類社會從此走向光明。

　　1927 年，愛因斯坦在紀念牛頓逝世 200 週年時讚揚說：「在他以前和以後，都還沒有人能像他那樣決定著西方的思想、研究和實踐的方向。」

電磁交響曲

愛因斯坦在他書房的牆壁上，掛著 3 幅科學家的肖像：牛頓、法拉第和馬克士威。

繼牛頓之後，以法拉第和馬克士威的貢獻為基礎的經典電磁理論，是物理學發展史上能夠濃墨記上一筆的重大事件。

人類對電現象和磁現象很早就有所認知，但將它們在本質上連結起來，卻是 1820 年之後的事。那年春天，丹麥物理學家厄斯特（Hans Christian　Orested，1777 ～ 1851），成功觀察到電流使磁針轉動的事實，從這天開始，人們才逐漸了解電和磁之間的緊密關聯。

之後，法拉第（Michael Faraday）在安培、沃勒斯頓等人研究的基礎上，在電磁方面進行了大量的實驗，做了詳細的紀錄。他發現電磁感應效應，並將觀測的實驗事實總結在《電學的實驗研究》這 3 卷巨著中。

1854 年，馬克士威（James Clerk Maxwell，1831 ～ 1879）在英國劍橋大學三一學院完成了研究所的學業。這座古老美麗的建築物確實不同凡響，從它的大門走出 32 位諾貝爾獎得主、5 位菲爾茲獎得主。對馬克士威熱衷的物理學而言，這裡也是「前有古人，後有來者」。80 多年前，

大名鼎鼎的牛頓就是從這裡走出來的；50 多年之後，又跟來了著名的尼爾斯・波耳（Niels Henrik David Bohr），量子力學的奠基者之一。

馬克士威的導師是當時極具影響力的湯姆森（克耳文爵士）。受湯姆森的影響，馬克士威對電磁學產生了濃厚的興趣，準備向「電」進軍。1860 年，年僅 30 歲的馬克士威到倫敦，第一次拜見了將近 70 歲的電磁學大師法拉第。從此兩人結下忘年之交，共同攻克電磁學難關，最後由馬克士威總結、創建了著名的經典電磁場方程式。

馬克士威方程組最開始的版本有 20 個方程式，包括原來就有的，由庫侖、高斯、法拉第、安培等人研究總結的各種實驗現象、電介質的性質、各種電磁現象的規律、馬克士威提出的新概念……等。最後，馬克士威天才地將它們高度提煉、簡化為四個向量微分方程式，並寫成了一種對稱而漂亮的數學形式，見圖 1-2-1 中的馬克士威方程組。

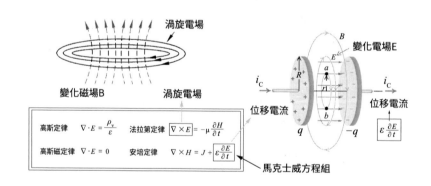

圖 1-2-1　渦旋電場和位移電流

粗看圖中的馬克士威方程組，可能會產生一點誤解，以為馬克士威只不過是將其他幾個定律統一在一起而已。也有些人看到公式就頭痛，覺得枯燥無味。但實際上，馬克士威方程組包含了比本來單個方程式豐

富得多的物理內容。馬克士威方程組的建立，對物理學具有開拓性的理論意義，比起牛頓力學來說，也毫不遜色。

愛因斯坦曾經在 1931 年，紀念馬克士威誕生 100 週年時，高度讚揚馬克士威對物理學的貢獻：「由法拉第和馬克士威發動了電磁學和光學革命⋯⋯這個革命是牛頓革命以後，理論物理學的第一次重大根本性的進展。」而且，愛因斯坦還強調，在電磁學的革命中，馬克士威具有「獅子般的領袖地位」。要知道，愛因斯坦是不會輕易將科學上的成果稱為「革命」的，即使談到他自己對物理學的貢獻：光電效應及兩個相對論，他也只把光電效應冠以過「革命」二字。

愛因斯坦談到「電磁學革命」時，後來還加上一個發現、證實電磁波的赫茲。這 3 位電磁學的先驅者各有所長：法拉第玩的是五花八門、形形色色的電磁實驗，總結了 3 卷厚厚的實驗經驗和資料；馬克士威玩的是數學公式，推導簡化成四個方程式；赫茲的貢獻則是將前兩者的工作推向應用的大門，第一次發出、接收和證實了如今飛遍世界的「電磁波」。

簡單通俗地說，馬克士威四個方程式的意義可以分別用下面 4 句話來概括：

1. 電場的散度不為 0，說明電場是有源場，電荷就是源（高斯定律）；

2. 磁場的散度為 0，說明磁場是無源場，因為不存在磁單極子（高斯磁定律）；

3. 變化的磁場產生渦旋電場，即電場的旋度（法拉第定律）；

4. 變化的電場產生渦旋磁場，即磁場的旋度（安培定律）。

以上提到的「散度」和「旋度」，是向量分析中的數學專用術語，

我們不在這裡詳細解釋，但讀者可以從圖 1-2-2 中，對它們得到一些直觀印象。

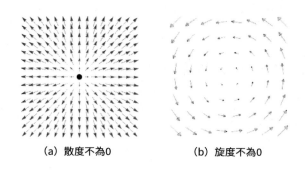

(a) 散度不為0　　　　　　　　(b) 旋度不為0

圖　　1-2-2

　　下面介紹一下馬克士威提出的「渦旋電場」和「位移電流」的概念（圖 1-2-1），從中我們可以稍微體會到，馬克士威是如何將實驗得到的規律提升到物理理論的高度的。

　　圖 1-2-1 所示的馬克士威方程式中的第三個方程式，是來自於法拉第電磁感應定律。但法拉第當初只是發現，線圈中的磁通量發生變化時，會在線圈中產生電流。馬克士威卻就此提出了渦旋電場的假設，來解釋線圈中電流的來源。意思是說，磁場的變化使得磁場周圍的空間產生了電場，這個電場與我們所熟知的靜止電荷產生的電場是不同的。靜止電荷產生的電場的電力線，從正電荷發出，終止到負電荷，不會閉合；而變化磁場產生的電場，是環繞磁場的閉合曲線。因而，馬克士威稱之為「渦旋電場」。法拉第觀察到線圈中的電流，便是來源於這個渦旋電場。

　　馬克士威方程式中的第四個方程式，則是從原來的安培定律，加上了「位移電流」這一項。位移電流不是電荷的移動，而是電場隨著時間的變化。馬克士威認為，導線中移動的電荷能夠產生磁場，電容器或介

質中變化的電場也能夠產生磁場。因此，變化的電場與某種「電流」等效，他將其稱為「位移電流」。

　　從以上的介紹不難看出，馬克士威在研究、簡化他的方程組時，經常運用的法寶是什麼。簡而言之，就是對稱性的思維方式。大自然這個「上帝」，除了喜歡我們在上一節中提及的最小作用量這個極值原理之外，還喜歡對稱性。馬克士威似乎窺視到造物主的這個祕密。自然界中許多事物都是對稱的：左右對稱的樹葉、6角對稱的雪花、球對稱的星體……美麗的對稱隨處可見、數不勝數。那麼，描述大自然的物理規律也應該遵循某種對稱性。既然磁場變化在它的周圍產生電場，那麼電場變化可能也產生磁場，暫且把它叫位移電流。如果這個位移電流產生的磁場又是隨時間變化的話，在更遠的地方又會產生電場，這樣往返循環，一直產生影響下去……電場磁場、磁場電場……最後是否就會像水波或其他機械波那樣，傳播到遠處去呢？

　　因此，位移電流概念的引入，不僅滿足了馬克士威對方程組的對稱之美要求，且使他進一步廣開思路，朦朧中想到了電磁波的可能性！

　　如果法拉第早想到這點，說不定就會立即開始動手，用實驗來探測和證實電磁波。但當時的法拉第太老了，已經力不從心。

　　馬克士威有高明的數學技巧，所以還是繼續從理論上玩他的方程式。腦袋中帶著「電磁波」的想法，馬克士威將幾個方程式推來導去，終於推導出了電場和磁場在一定條件下滿足的波動方程式。從這個波動方程式解出的解，不就是馬克士威想像中的電磁波嗎？馬克士威雖然不懂實驗和電路，不能實際發現和產生自己所預言的電磁波，但他的數學、物理理論武器，使他可以研究這種波具有的許多性質。

　　馬克士威預言的電磁波有什麼性質呢？首先，他從理論上預言的電磁波是一種橫波，也就是說，電場、磁場的方向是與波動傳播的方向

垂直的。當然，馬克士威預言的電磁波與我們現在認知的電磁波有所不同，因為當時的馬克士威與大多數物理學家一樣，相信宇宙中存在「以太」。以太無所不在、無孔不入，而電磁波就是一種在以太中傳播的橫波。馬克士威也得出電磁波傳播的速度就等於光速。而根據當時物理界對光的認知，光也是在以太中的一種橫波。馬克士威由此而提出一個大膽的假設：光就是一種頻率在某一段範圍之內的電磁波！基於馬克士威的這個假設，物理學家們能夠解釋光的傳播、干涉、繞射、偏振等現象，以及光與物質相互作用的規律。

馬克士威不幸在 49 歲就英年早逝，未能為物理學作出更多貢獻，也未能親眼見到他的預言最終被實驗證實一事。在馬克士威逝世 8 年之後，德國物理學家赫茲（Hertz，1857～1894）宣布了產生和接收到電磁波的消息，後來的特斯拉、馬可尼、波波夫等人，發展了壯觀的無線電通訊事業。如今，無處不在的電磁波已經為人類文明奏出一首又一首宏偉的交響曲。電磁理論在工程中的成功應用，算是足以慰藉偉人的在天之靈了。

讀到這裡，了解馬克士威從「玩弄」他的幾個公式，玩出了如此重大的成就之後，你還能說數學理論和公式無趣又無用嗎？

還不僅僅如此，馬克士威所喜歡的對稱性原理，之後也一直主宰著理論物理學家的思維方式。後來的量子理論、規範場論、粒子物理中標準理論、弦論等，都與對稱性密不可分。對稱性的概念與物理學中的守恆定律緊密相關。

馬克士威受到法拉第的啟發，第一次提出「場」的概念。馬克士威意識到，電場磁場不僅是為了模型的需要而引進的假想數學概念，而是真實存在的物質形態。比如，電能不是像人們過去想像的，只存在電荷之中，而是也存在瀰漫於空間的「場」中。這個概念引出之後現代理論

物理中非常重要的場論思想。

　　此外，馬克士威方程組的建立，也為物理理論的統一發揮了很大的作用，因為它成功地將電、磁、光 3 者統一在一起，從而引領了物理學中追求統一的熱潮，現代物理學的歷史強而有力地證明了這一點。

3
尋找以太

愛因斯坦（Einstein，1879 ～ 1955）正好出生於馬克士威逝世的那一年。有位詩人為牛頓寫下幾句令人感動的墓誌銘：「上帝說，讓牛頓降生吧！於是世界一片光明。」另一位詩

人則在後面加了兩句玩笑話：「魔鬼撒旦說，讓愛因斯坦出世吧！於是，大地又重新籠罩在黑暗之中。」

那個年代，儘管世界上仍然少不了天災人禍、顛沛流離，但物理學界卻是一片和諧、晴空萬里：牛頓力學和馬克士威電磁理論成果斐然，在眾多物理學家、數學家的努力下，經典物理學的宏偉大廈巍然屹立。不過，科學畢竟是無止境的，無窮探索的結果，雖然解決問題，但又產生更多問題。晴朗的經典物理天空中，慢慢累積了兩片烏雲。那是有關黑體輻射的研究和邁克遜 —— 莫雷實驗。它們都是理論與實驗產生矛盾，使物理學家們陷入困境。

愛因斯坦誕生得正「逢時」，他抓住了這兩片烏雲。他稍稍撥弄了一下第一片烏雲，一篇光電效應的文章，引出了量子的概念。後來，在許許多多物理學家的共同努力下，創立了量子理論。而第二片小烏雲，

則引發了愛因斯坦的相對論革命。這兩個 20 世紀物理學上的重大革命事件，與先前牛頓、馬克士威的經典革命有所不同。經典理論統一和完善之後，帶來的貌似是一片晴空；量子力學和相對論的建立，卻帶給物理學家們更多難以解釋的困惑和問題。儘管大多數科學家們認可這兩個理論，人類也盡情享受它們在工業和技術應用中產生的巨大非凡成果，但對如何詮釋理論本身，卻至今爭論不休、莫衷一是。

量子論和相對論，分別適合描述遠離人們日常生活經驗的微觀世界和宏觀世界。兩個新理論的誕生需要人們在認知觀念上的飛躍，因為這兩個理論導致許多與人們生活經驗不相符的奇怪現象，諸如量子力學中的「薛丁格貓」、本書中將要介紹的「孿生子悖論」等。難怪前面所說的那位英國詩人，寫出了那兩句借愛因斯坦開玩笑的詩句。從這個意義上，如此來評價愛因斯坦對人類的貢獻，似乎也不無道理，令人不由得莞爾一笑。

據說愛因斯坦在兩個星期內就建立了狹義相對論，這固然因為他是天才，但也不得不承認，當時這個理論已經萬事俱備、只欠東風的事實。

儘管馬克士威擅長用對稱性來簡化他的電磁場方程式，但愛因斯坦卻依然發現馬克士威方程式的不對稱之處。對稱性有各種表現形式：時間上的對稱、空間方向上的各種幾何對稱、物理規律的內在對稱等。愛因斯坦這裡所指的，是對於不同的坐標參考系而言，物理定律的對稱。這種對稱性通常也被稱為「相對性原理」。

當年，牛頓力學和馬克士威電磁理論各自都獲得巨大成功，但兩者似乎不相容。牛頓力學建立在伽利略變換的基礎上，對所有慣性參考系都是等價的，也就意味著符合相對性原理。而馬克士威經典電磁理論卻似乎要求有一個絕對靜止的「以太」參考系存在。由於歷史的原因，以

太在人們腦中根深蒂固，許多科學家傾向於承認以太而摒棄相對性原理。因此，當時掀起一股以太熱：理論物理學家們盡力建造以太的機械模型，實驗物理學家們便竭盡所能來尋找以太。但是，多種方法的探索卻始終未能成功。

如果以太存在的話，接下來會有一大堆尚未弄清楚的問題：以太是什麼樣的物質？由什麼組成？它的性能如何？它與其他物質如何相互作用……等。比如有一個很簡單的問題，就讓物理學家們傷透腦筋：當地球（或者其他物體）相對於以太運動時，以太是更像非常黏稠的液體那樣，會被拖著一起運動呢？還是像某種無質量的神祕物質，靜止卻又無孔不入？或是介於兩者之間？換言之，應該可以透過實驗，測定出當物體運動時，對以太的拖曳係數。人們為此的確進行了不少的實驗和觀察，但仍然說不出個所以然來，因為某些實驗結果及觀察資料互相矛盾：天文觀測到的光行差現象說明星體運動對以太不拖曳；斐索水流實驗的結果支持部分拖曳的理論模型；還有著名的邁克遜 —— 莫雷實驗得到的「零結果」，則只能解釋以太是被地球完全拖曳著一起運動。

地球以 30km/s 的速度繞太陽運動，如果存在以太，以太又不是被地球運動「完全拖曳」的話，地球運動時的「以太風」就會對光的傳播產生影響。根據經典力學的速度疊加原理，

當地球逆著以太風或順著以太風的時候，測出來的光速應該不同。因而，1887 年左右，邁克遜和莫雷進行了多次實驗，企圖透過測量光速的變化，從而探測到地球相對於以太參照系的運動速度。

邁克遜（Albert Michelson，1852～1931）是波蘭裔美國籍物理學家，邁克遜 —— 莫雷實驗的原理如圖 1-3-1 所示。

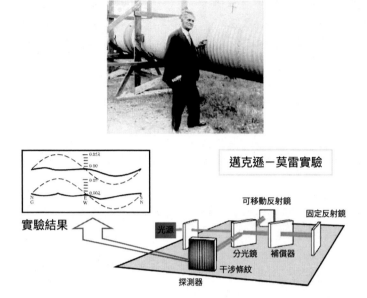

圖 1-3-1 邁克遜和邁克遜—莫雷實驗原理圖及實驗結果

　　從光源發出的光被分光鏡分成水平和垂直兩條路線（兩臂），最後經過反射鏡後重新匯聚而產生干涉現象。經過調試，使兩條路徑相等時，探測器可以探測到干涉條紋。兩條路線的差異則會使干涉條紋產生移動。如果存在「以太風」的話，當光線經過的路徑順著「以太風」或逆著「以太風」時，光程是不一樣的。由於地球自身以 1 天為週期的自轉，以及圍繞太陽以 1 年為週期的公轉，這兩種運動將會使實驗中得到的干涉條紋產生週期性的（1 天或 1 年）移動。

　　光的速度如此之快，為了提高實驗精確度，邁克遜 —— 莫雷實驗曾經在美國的克利夫蘭以及美國西海岸加州的威爾遜山進行，這樣可以盡量增大光線經過的路徑長度，實驗設施中的「臂長」最大達 32m。儘管如此，實驗得到的卻都是「零結果」。（參考圖 1-3-1 中間框的「實驗

結果」：實線是實驗值，虛線是將期望的理論結果值縮小到原本高度的 1/8，畫出來與實驗值相比較，它們仍然比實驗值大很多！）也就是說，邁克遜 —— 莫雷實驗沒有觀察到任何地球和以太之間的相對運動。因而，也可以說這是一次很「失敗」的實驗。不過大家公認，邁克遜的干涉實驗精確度已達很高的量級。因此，邁克遜獲得 1907 年的諾貝爾物理學獎，他是獲得諾貝爾物理學獎的第一個美國人。

邁克遜 —— 莫雷實驗沒有探測到任何地球相對於以太運動所引起的光速變化，這個「零結果」使人困惑。如何解釋馬克士威理論、相對性原理、伽利略變換、速度疊加、斐索水流實驗、邁克遜 —— 莫雷實驗等這些理論及實驗之間的矛盾呢？荷蘭物理學家勞侖茲想了個好辦法。

勞侖茲（Hendrik Antoon Lorentz，1853 ～ 1928）曾就讀於萊頓大學，並於 1875 年獲得博士學位。1877 年，年僅 24 歲的他，就成為萊頓大學的理論物理學教授。勞侖茲於 1892 ～ 1904 年間發表了一系列論文，提出他的「電子論」，那還是在湯姆遜用實驗證實電子存在之前。勞侖茲提出物質的原子和分子包含著小剛體，每個小剛體，即「電子」，攜帶一個正電荷或負電荷。勞侖茲認為光的載波介質「以太」和一般的物質是不同的實體，它們之間以電子為媒介而相互作用。光波便是因「電子」的振動而產生的。勞侖茲用他的經典「電子論」解釋了物理現象。1895 年，勞侖茲描述了電磁場中帶電粒子所受到的勞侖茲力；1896 年，他成功地解釋了由萊頓大學的塞曼發現的原子光譜分裂現象。勞侖茲斷定塞曼效應是由原子中負電子的振動引起的。他從理論上計算的電子荷質比，與湯姆遜從實驗得到的結果相一致。1902 年，勞侖茲和塞曼分享了諾貝爾物理學獎。

勞侖茲想從他的電子論出發，來解決邁克遜 —— 莫雷實驗的「零結果」。勞侖茲所處的時代，「量子」尚未正式誕生，頂多算是「小荷才露

尖尖角」。因而，他的物理觀念，包括「電子論」，基本上是經典的，且「以太」在勞侖茲的腦袋中根深蒂固。勞侖茲認為，既然這些實驗都暫時探測不到以太的任何機械性能，那麼就暫且把這點放在一邊不考慮好了。

勞侖茲假定，作為電磁波荷載物的以太，在物質中或在真空中都是一樣的，物體運動時並不帶動以太運動。於是，勞侖茲這種缺乏物質屬性的電磁以太模型，所代表的只不過是一個抽象、絕對、靜止的時空參考系而已。勞侖茲的目的，首先是要相對於這個「以太」參考系，找出適合用於其他參考系的數學變換，能將原來看起來互為矛盾的現象統一起來。

當然，最好還能保持馬克士威方程式的形式不變。

對經典牛頓力學而言，當兩個坐標參照系相對以速度 v 勻速直線運動時，在兩個參考系中測量到的坐標值，按照伽利略變換而變換，見附錄 A。

伽利略變換很簡單，如圖 1-3-2 所示，汽車上的觀察者 B 垂直向下丟一個球，在他的運動坐標系中，球只是下落，球的水平位置 x'（相對於汽車）是不變的。而靜止於地面的觀察者 A，看到球不僅僅向下，水平位置也在變動，與 B 看到的位置相差一個數值 vt，那是因為汽車以速度 v 向前運動的原因。因而，汽車上的人看到小球的運動軌跡是垂直下落的直線；而地面上的人看到的軌跡是拋物線。

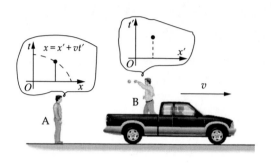

圖 1-3-2　伽利略變換

　　如上所述的坐標，變換 $x = x' + vt'$ 就是伽利略變換。兩個坐標之差，寫成 vt'，而不是 vt，這無關緊要，因為兩個坐標系的時間 t 和 t' 是一樣的。也就是說，在伽利略變換中，或者說是牛頓力學中，時間是一個絕對的物理量，無論對火車上的人，還是地面上的人，都遵循同一個絕對的時間。

　　伽利略變換對牛頓力學運用得很好，但是現在卻不能解釋邁克遜 —— 莫雷實驗的零結果，說明需要對它進行修正。首先，勞侖茲是肯定有以太存在的。在伽利略變換中，空間的變化與時間無關，且空間中的弧長是不變的。比如，有一根棍子，無論它運動還是不運動，它的長度都不會改變。但勞侖茲設想，如果這根棍子相對於以太運動的話，也許受到了以太

　　施予其上的某種作用，而使它的長度變短了呢！於是，勞侖茲在相對於以太運動的伽利略變換中，加上了一個在運動方向的長度收縮效應。這麼做的結果，正好抵消了原本設想相對於以太不同方向上運動而產生的光速差異。如此一來，勞侖茲輕而易舉地就解釋了邁克遜 —— 莫雷實驗的零結果。

　　長度會變短多少呢？勞侖茲意識到，在這個問題上，光速發揮重要

的作用，因而縮短因子應該和運動坐標系的速度與光速的比值有關。勞侖茲假設了一個縮短因子 γ：

$$\beta = \frac{v}{c}, \quad \gamma = \frac{1}{\sqrt{1 - \frac{v^2}{c^2}}}$$

然後，假設長度變化為

$$L = L_0 / \gamma \tag{1-3-1}$$

L_0 是靜止於以太坐標系的長度，L 是在運動坐標系中的長度。

實際上，當時的許多物理學家都在思考，如何建立一個與牛頓力學相容的電磁模型。物理學家佛伊格特和費茲傑羅等也都提出過「尺縮效應」。除了空間收縮外，勞侖茲還提出了「本地時間」這個重要概念：

$$t = t_0 - \frac{vL}{c^2} \tag{1-3-2}$$

但這只是當時勞侖茲為了簡化從一個系統轉化到另一個系統的變換過程，而提出的數學輔助工具而已。此外，另一位物理學家拉莫則注意到，在參照系變換時，除了長度收縮效應之外，他還在電子軌道的計算中發現某種相應的時間膨脹：

$$t = t_0 \gamma \tag{1-3-3}$$

最後，勞侖茲將「長度收縮」、「本地時間」、「時間膨脹」等概念綜合起來，推導出符合電磁學協變條件的勞侖茲變換公式，請參考附錄 A。

直到 1900 年，著名的數學家龐加萊意識到勞侖茲假設中所謂的「本地時間」，正是移動者自己的時鐘所反映出來的時間值。1904 年，龐加萊將勞侖茲給出的兩個慣性參照系之間的坐標變換關係，正式命名為

「勞侖茲變換」，且首先認知到勞侖茲變換構成群。但龐加萊始終未拋棄以太的觀點。用勞侖茲變換替代伽利略變換之後，經典力學理論和經典電磁理論最終得以協調。

之後，勞侖茲變換成為愛因斯坦狹義相對論最基本的關係式，是狹義相對論的核心。

如上所述，在 1905 年愛因斯坦提出狹義相對論之前，構建這個理論的所有磚塊幾乎都已經齊全，所需要的一切都已經成熟。理論埋伏在那裡，就等待大師來畫龍點睛。

命名「勞侖茲變換」的龐加萊，本來很有可能成為這個畫龍點睛之人。雖然他的主要角色是一位數學家，但龐加萊對經典物理有深刻的見解。早在 1897 年，龐加萊就發表了〈空間的相對性〉一文，其中相對論的影子已經忽隱忽現。第 2 年，龐加萊又接著發表了〈時間的測量〉一文，提出了光速不變性假設。

1905 年 6 月，龐加萊早於愛因斯坦，發表了相關論文：〈論電子動力學〉。

回顧狹義相對論的發現史，的確很有趣，勞侖茲和龐加萊當時都已經是 50 歲左右的教授、大師級人物，為什麼這個發現權的殊榮，最後落到了一個當年不過 20 多歲的專利局小職員頭上？

圖 1-3-3 是 1911 年參加第一次索爾維會議的科學菁英們的照片。當時，量子力學剛冒出水面，波耳等一派尚未形成氣候，沒資格出席，大多數都是「經典」領域中的英雄人物：勞侖茲身為會議主持人，當然和會議贊助者索爾維並排坐在中間，龐加萊和著名的瑪里·居禮正在熱烈地討論著什麼，那時的愛因斯坦還只能站在背後。「他們正在研究什麼？」他身體略微前傾，目光往下注視，默默而又好奇地張望著他們。

勞侖茲　　　　　　　　龐加萊　　愛因斯坦

圖 1-3-3　狹義相對論的 3 位發現者在 1911 年的第一次索爾維會議上

如果要問，愛因斯坦對建立狹義相對論到底貢獻了什麼？或許可以這樣回答：愛因斯坦貢獻的是他天才的思想，是他深刻意識到的革命性時空觀。

愛因斯坦只想知道上帝是如何設計世界的，他想知道的是上帝的思想。大自然這個上帝，總是用最優化的方式來建造世界，因此愛因斯坦從上面所述，雜亂紛繁的理論、假設、觀點及實驗結果中，去粗取精、去偽存真，只選定留下了必要部分，即兩個他認為最重要、最具普適性的原理：相對性原理和光速不變原理。

光速不變原理是馬克士威方程式的結果，也被許多實驗結果所證實，包括邁克遜 —— 莫雷實驗的零結果，不也是對光速不變的精確驗證嗎？愛因斯坦重視相對性原理，是因為馬赫的哲學觀對他影響很大，他不認為存在絕對的時空。新的相對性原理，不僅要適用於力學規律，也得適用於電磁理論，為了要保留相對性原理，便必須拋棄伽利略變換。那沒關係，正好可以代之以協變的勞侖茲變換。儘管勞侖茲推導他的變換時，假設了「以太」的存在，但勞侖茲的那種「以太」模型，已經沒

有任何機械性能，也不像是任何物質，那麼又要它做什麼呢？有以太或沒有以太，變換可以照樣進行。

為什麼愛因斯坦很容易就摒棄了以太？究其原因，與他當時對光電效應等量子理論的研究也有關係。勞侖茲和龐加萊等人堅持「以太」模型，是出於經典波動的觀點，總感覺波動需要某種物質類的「載體」，而愛因斯坦研究過量子現象，知道光具有雙重性，既不完全像粒子，也不完全等同於通常意義下的「波」。對粒子來說，是不需要什麼傳輸介質的，因此沒有以太這種東西。

所以，愛因斯坦摒棄了以太的觀念，重新思考「空間」、「時間」、「同時性」這些基本概念的物理意義，最後用全新的相對時空觀念，同樣導出了勞侖茲變換，並由此建立了他的新理論 —— 狹義相對論。

4
相對性原理

對任何運動的描述，都是相對於某個參考系而言的。一個站在地上的人，和一個坐在一輛向前行駛的火車上的人，如果進行測量的話，可能有些測量結果是不一樣的。這是因為他們選擇的參考系不同，一個是以地面為參考系，另一個以火車為參考系。牛頓時代的科學家們認為，某些參考系優於另一些參考系。這是指哪方面更優越呢？比如說，在某些參考系中，時間均勻流逝、空間各向同性、描述運動的方程式有著最簡單的形式，這樣的參考系被稱為慣性參考系。從這個視角來看，托勒密的地心說是以地球作為慣性系，而哥白尼的日心說則認為太陽是一個比地球更好的慣性參考系。然而，兩者都仍承認存在一個絕對的、靜止的慣性參照系。布魯諾在這方面則更進了一步，他不僅僅是宣傳日心說，而且發展了哥白尼的宇宙學說，他以天才的直覺，提出了宇宙無限的思想。布魯諾認為地球和太陽都不是宇宙的中心，無限的宇宙根本沒有中心。布魯諾這種追求科學真理的精神和成果，永遠為後人所景仰。

1609 年，一位荷蘭眼鏡工人發明了望遠鏡。義大利科學家伽利略（Galileo Galilei，1564 ～ 1642）將望遠鏡加以改造，用其巡視夜空、觀察日月星辰，發現了許多新結果。這些新結果啟發伽利略思考一些最基本

的物理原理，著名的相對性原理便是他的成果之一。

伽利略的相對性原理是說物理定律在互為勻速直線運動的參考系中，應該具有相同的形式。伽利略在他 1632 年出版的《關於托勒密和哥白尼兩大世界體系的對話》（*Dialogue Concerning the Two Chief World Systems*，簡稱《對話》）中的一段話描述了這個原理，其中的大意是：

把你關在一條大船艙裡，其中有幾隻蒼蠅、蝴蝶、小飛蟲、金魚等，再掛上一個水瓶，讓水一滴一滴地滴下來。船停著不動時，你留神觀察牠（它）們的運動：小蟲自由飛行，金魚擺尾游動，水滴直線降落……你還可以用雙腳齊跳，無論你跳向哪個方向，跳過的距離都幾乎相等。然後，你再讓船以任何速度前進，只要運動是均勻速度的，沒有擺動，你仍然躲在船艙裡。如果你感覺不到船在行駛的話，你也會發現，所有上述現象都沒有絲毫變化，小蟲飛、金魚游、水滴直落，四方跳過的距離相等……你無法從任何一個現象來確定，船是在運動還是在停著不動。即使船運動得相當快，只要保持平穩和勻速的話，情況也是如此。

伽利略描述的這種現象，中國古書《尚書緯・考靈曜》上也有類似的記載：「地恆動而人不知，譬如閉舟而行不覺舟之運也。」中國古籍上的這段文字可追溯到魏晉時代，即西元 220 ～ 589 年，早於伽利略 1,000 多年。但中國僅僅到此為止，便沒有了下文，伽利略卻由此而廣開思路，大膽提出相對性的假設：「物理定律在一切慣性參考系中具有相同的形式，任何力學實驗都不能區分靜止的和作勻速運動的慣性參考系。」這個假設繼而發展成經典力學的基本原理，稱為「相對性原理」。

物理定律不應以參考系而改變，基於這點的相對性原理，聽起來似乎不難理解。伽利略在《對話》一書中所描述的現象，也是我們每個人在坐火車或飛機旅行時，都曾有過的經驗。伽利略的相對性原理中，時

間仍然被認為是絕對的，空間位置則根據所選取參考系的不同而不同。兩個在 x 方向以勻速 u 運動的坐標參考系中，分別測量出來的時空坐標 $(t \cdot x \cdot y \cdot z)$ 和 $(t' \cdot x' \cdot y' \cdot z')$ 將有不同的數值，這兩套數值之間可以透過「伽利略變換」互相轉換，見附錄 A。

從伽利略時代過了 270 多年之後，愛因斯坦登上了歷史舞臺。他又重新思考這條「相對性原理」。如前所述，當時啟發愛因斯坦思考動力的是經典物理宏偉大廈明朗天空背景下的一片烏雲。

經典物理的宏偉大廈主要由經典力學和馬克士威電磁理論組成，兩者各自都已經被大量實驗所證實，正確性似乎毋庸置疑，但兩者之間卻有那麼一點矛盾之處。

如上所述，經典力學的規律滿足伽利略的相對性原理，在伽利略變換下保持不變；但經典電磁理論的馬克士威方程式，在伽利略變換下卻並不具有這種不變性。也就是說，對經典力學現象，所有相互作勻速直線運動的慣性參考系都是等價的，但對電磁現象而言卻不是這樣，因為相對性原理不成立了。因而對經典電磁理論來說，物理學家就只好假設存在一個特別的、絕對的慣性參考系，只有在這個特定的參考系中，馬克士威方程式才能成立，這就是被稱為「以太」的參考系。

以太被假設為「靜止不動」，因此地球相對於這個不動的慣性參考系的運動，應該被觀測到，但物理學家們在這方面並未發現任何蛛絲馬跡……之後，愛因斯坦將相對性原理從經典力學推廣到經典電磁學，建立了狹義相對論。再後來，又把相對性原理，從慣性參考系推廣到非慣性參考系，從而建立了廣義相對論。

5

什麼是「同時」

　　同時，是我們在日常生活中常用的詞彙。「他們兩人同時到達山頂」、「電視新聞同時在全國各地播出」……好像每個人都非常理解這個詞表達的意思，不就是說兩件事在同一時刻發生嗎？

　　不過，什麼叫「同一時刻」呢？這麼說的意思，首先是認為時間是一個絕對的概念，上帝在某處設立了一個大大的、精確無比的標準鐘。然而，如果你深入考察時間的概念，可能會讓你越想越糊塗。時間是什麼？正如西元 4 世紀哲學家聖奧古斯丁對「時間」概念的名言：

"If no one asks me, I know what it is. If I wish to explain it to him who asks, I do not know."

　　我把它翻譯成如下兩句：「無人問時我知曉，欲求答案卻茫然。」

　　時間是絕對的，還是相對的？如果說它是絕對的，顯然不符合相對性原理。上帝絕對準確的鐘該放在哪裡呢？地球上？太陽上？或是別的什麼地方？這好像是又回到了地心說、日心說之爭的年代。現代社會幾乎每個人都知道，無論是地球還是太陽，都只是茫茫浩瀚宇宙中一個小小的天體。所以，從一般現代人的常識來看，也似乎不應該存在一個絕

對的時間。而愛因斯坦也正是深刻理解了時間的「相對性」意義後，才在創立狹義相對論的過程中，邁出了關鍵的一步。

愛因斯坦有一個廣為人知的比喻：「和一位漂亮女孩在一起待 1 小時，你會感覺像 1 秒鐘；但如果讓你在火爐上待 1 秒鐘，你會感覺像 1 小時。這就是相對論。」儘管這的確是愛因斯坦所言，但在比喻中，他指的是時間在心理上的相對性，而我們想要探究的，卻是愛因斯坦探討的 —— 時間在物理意義上的相對性。

狹義相對論中同時的相對性，是來自相對論的兩個基本假設：相對性原理和光速不變。

如果兩個事件對某一個觀察系來說是同時的，對另一個觀察系來說就不一定是同時的。我們用圖 1-5-1 中所示的例子來說明這個問題。如下的解釋中，以承認相對性原理和光速不變為前提。

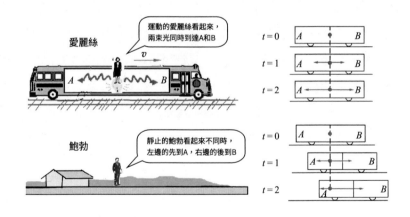

圖 1-5-1　同時的相對性

一列火車以速度 v 運動，站在車廂正中間的愛麗絲，當經過地面上的鮑勃時，點亮了車廂正中位置的一盞燈，向左和向右的兩束燈光將以

真空中的光速 c 分別傳播到車尾 A 和車頭 B。在愛麗絲看來，燈到 A 和 B 的距離是相等的，所以兩束光將同時到達 A 和 B。但是，站在地面上靜止的鮑勃怎麼看待這個問題呢？

對鮑勃來說，左右兩束光的速度仍然都是 c，這是相對論的假設，無論光源是在運動與否都沒有關係。但是，火車卻是運動的。因而，A 點是對著光線迎過去，B 點則是背著光線逃走。所以光線到達 A 的事件應該先發生，到達 B 的事件應該後發生。也就是說，愛麗絲認為是同時發生的兩個事件，鮑勃卻認為不同時。

剛才所述的相對論中對同時性的檢驗，是用光訊號的傳遞進行的。這是因為光在狹義相對論中具有獨特的地位。根據狹義相對論的假設，真空中的光速對任何參考系，在任何方向測量都是一樣的數值。在由此而建立的狹義相對論中，任何物體的速度都不可能超過光速，光是能夠完整傳遞訊息和能量的最大速度。換言之，如果火車上的愛麗絲不是點亮了一盞燈，而是向左右射出子彈的話，兩顆子彈相對於鮑勃的速度便不是一樣的。事實上，光可以說是一種很神祕的物質形態，它不僅在狹義相對論中具有特殊地位，在整個物理學及其他學科中的地位也是獨一無二的。迄今為止，沒有發現任何超光速的、能夠攜帶能量或訊息的現象。也就是說，尚未有與相對論這條假設相違背的情形。如果將來的實驗證實這條假設不對的話，愛因斯坦的理論就需要加以修改了。

6
萬有引力

　　引力是一種頗為神祕的作用力，它存在於任何具有質量的兩個物體之間。人類應該很早就意識到地球對他們自身以及他們周圍一切物體的吸引作用，但是能發現「任何」兩個物體之間，都具有萬有引力，就不是那麼容易了。這是因為引力比起其他我們常見的作用力來說，是非常微弱的。雖然我們早就意識到地球上有重力，那是因為地球是個質量非常巨大的天體的緣故。如果談到任何兩個物體，包括兩個人之間，都存在著萬有引力，就不是那麼明顯了。自然界中，我們常見的電荷之間的作用力，可以用簡單的實驗感知它的存在，比如我們司空見慣的摩擦生電現象：一個絕緣玻璃棒被稍微摩擦幾下，就能吸引一些輕小的物品；還有磁鐵對鐵質物質的吸引和排斥作用，都是很容易觀察到的現象。而根據萬有引力定律，任意兩個物體之間存在的相互吸引的大小，與它們的質量乘積成正比，與它們距離的平方成反比，其間的比例係數被稱之為引力常數 G。這個常數是個很小的數值，大約為 $6.67 \times 10^{-11} \mathrm{N} \cdot \mathrm{m}^2/\mathrm{kg}^2$。從這個數值可以估計出兩個 50kg 成人之間距離 1m 時的萬有引力大小只有 $1/100000G$！這就是為什麼我們感覺不到人與人之間具有萬有引力的原因。

不過，巨大質量的星體產生的引力會影響它們的運動狀態，因而能夠透過天文觀測數據被測量和計算。例如，電磁場有電磁波來傳遞訊息，常見的光也是一種電磁波，它們已經是抓得住、看得見、用得上的東西。但到目前為止，人類對引力本質的了解仍然知之甚少。可喜的是，自 2015 年 9 月開始，人類已經多次探測到引力波，相信在不遠的將來，科學家將逐步揭開引力之謎。

約翰尼斯・克卜勒（Johannes Kepler，1571 ～ 1630）是德國天文學家。牛頓是在克卜勒發現行星 3 定律的基礎上，總結推廣成萬有引力定律的。克卜勒幼年患猩紅熱，導致視力不好，曾經在一家神學院擔任數學教師，後來有幸結識天文學家第谷・布拉赫（Tycho Brahe），並成為第谷的助手，從此將全部精力投入到天文學、物理學的理論研究中。

第谷進行了幾 10 年嚴謹的天文觀測，累積了關於太陽及其行星的大量寶貴資料。第谷去世後，把他一生的天文觀測資料留給克卜勒。克卜勒用了 20 年時間仔細整理、研究這些資料，加上自己的理論計算，總結出有關行星運動的 3 大定律：

1. 行星繞太陽作橢圓運動，太陽位於橢圓的焦點上；

2. 行星與太陽的連線在相等的時間內掃過相等的面積；

3. 行星軌道半長軸的 3 次方，與繞太陽轉動週期的 2 次方的比值對所有行星一樣。

克卜勒去世後若干年，上帝派來了牛頓。關於牛頓有不少有趣的傳說，據說他大學期間在鄉下躲避瘟疫時，發明了微積分；大概也是差不多的年代，家中院子裡的蘋果掉下來，砸到頭上而發現了萬有引力定律。這些傳言是否屬實並不重要，有時候，某些偶然事件的確能啟發科學家的靈感，使他們為作出重大貢獻邁出關鍵的一步。但是，這些偉大的發現絕不是偶然想到一蹴而就的，這背後往往有漫長的、堅韌不拔的

辛勤勞動和努力。

　　1726 年，牛頓在去世的前一年，與他的朋友、考古學家威廉·斯蒂克利談過這段有關蘋果的故事。後來，斯蒂克利在王家學會的手稿中寫下了一段話：

　　「那天我們共進晚餐，天氣和暖，我們倆來到花園，在一棵蘋果樹蔭下喝茶。他告訴我，很早前，當萬有引力的想法進入他腦海的時候，他就處於同樣的情境中。為什麼蘋果總是垂直落到地上呢？他陷入了沉思。它為什麼不落向其他方向呢？或是向上呢？而總是落向地心呢？」

　　可見「蘋果下落」的簡單事實，的確讓牛頓啟發，激發他開始對引力的思考。蘋果往下掉，不是往上掉！這一定是因為地球在吸引它，地球不僅僅吸引蘋果，也吸引地面上的其他物體往下掉。但是，地球也應該會吸引月亮。那麼，月亮又為什麼不往下掉呢？這些問題困擾著年輕的牛頓。引導他去研究、思索克卜勒的 3 定律。

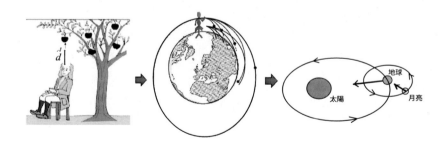

圖 1-6-1　牛頓發現萬有引力定律

　　萬有引力定律是牛頓在 1687 年於《自然哲學的數學原理》上發表的。如果按照傳聞所說的時間，牛頓在 23 歲時看到蘋果下落就開始思考引力的話，其間也已經過了 20 餘年。這些年中，大師是如何追尋解決這

「引力之謎」的呢？

確立引力與距離之間的平方反比定律，是探索萬有引力的關鍵一步。

追溯萬有引力的平方反比定律的發現歷史，便扯出了牛頓與虎克間的著名公案。其實虎克對萬有引力的發現及物理學的其他方面都作出了不朽的貢獻，但現在一般人除了有可能還記得國中物理曾學過的「虎克定律」之外，恐怕就說不清楚虎克是誰了。這都無可奈何，成者為王敗者寇，學術界也是如此，免不了世俗間的糾紛。

英國物理學家羅伯特・虎克（Robert Hooke，1635～1703）比牛頓大8歲，可以算是牛頓的前輩。兩人的爭論起源於光學。牛頓於1672年用他的「微粒說」來解釋光的色散現象，而虎克是堅持波動說的。他在王家學會討論會上的尖銳言辭使牛頓大怒，從此對虎克充滿敵意。虎克去世後，牛頓發表了他宣揚微粒說的《光學》一書，這個光微粒的概念統治物理界100多年，直到後來因為菲涅耳，才重新發現虎克的波動說。

虎克對物理學有傑出的貢獻。但在當時更有勢力、更有顯赫地位的牛頓的打壓下，一生都無出頭之日。晚年更是憤世嫉俗、鬱悶而死。死後墓地不詳，連照片也沒留下一張。據說牛頓還利用權勢，企圖毀掉與虎克有關的許多資料，諸如手稿和文章等，但最後被王家學會阻止。

據說虎克和牛頓曾經以通信方式討論過萬有引力，虎克在信中提到他的許多想法，包括他從1660年就有的平方反比定律思想，但後來牛頓在其著作中刪去了所有對虎克工作內容的引用。

也就是在與虎克討論萬有引力的信件中，出現了那句牛頓的名言：「如果我看得遠一些，那是因為我站在巨人的肩膀上。」據說虎克身材矮小外加駝背，因而有研究者懷疑牛頓此話是故意借虎克的身體缺陷來挖苦、諷刺他。這些事情年代久遠，後人難以思索牛頓當年寫這句話時的

真實心態,但無論如何,牛頓這句話字面上的意思是沒錯的。

任何科學家的重大發現,都是基於前人工作的基礎上,眾多科學家們的默默奉獻,造就了「巨人的肩膀」。在牛頓時代,科學界已經有了萬物之間都有引力作用的猜想。萬有引力概念及平方反比定律的想法均由虎克最先(至少是獨立於牛頓)提出,但牛頓創建了強大的數學工具「微積分」,對克卜勒定律進行計算、驗證,最終用這個理論解釋了行星的橢圓軌道問題,建立了萬有引力定律。

當初也有幾個數學家懷疑過萬有引力遵循的平方反比定律,其中包括大數學家歐拉。其實現在看起來,平方反比定律也可算是大自然造物的祕訣之一。大自然似乎總是以一種高明而又簡略的方式來設置自然規律。符合平方反比定律的自然規律不少:靜電力和引力相仿,也遵循平方反比定律;還有其他一些現象,諸如光線、輻射、聲音的傳播等,也由平方反比定律決定。為什麼會是這樣?為什麼剛好是平方反比,而非其他呢?人們逐漸了解到,這個平方反比定律不是隨便任意選定的,它和我們生活在其中的空間維數「3」有關。

在各向同性的三維空間中的任何一種點訊號源,其傳播都將服從平方反比定律。這是由空間的幾何性質決定的。設想在我們生活的三維歐幾里得空間中,有某種球對稱的(或者是點)輻射源。如圖 1-6-2 所示,其輻射可以用從點光源發出的射線表示。一個點源在一定的時間間隔內,所發射出的能量是一定的。這份能量向各個方向傳播,不同時間到達不同大小的球面。當距離呈線性增加時,球面面積 $4\pi r^2$ 卻是以平方規律增加。因此,同樣一份能量,所需要分配到的面積越來越大。比如說,假設距離為 1 時,場強為 1;當距離變成 2 時,同樣的能量需要覆蓋原來 4 倍的面積,因而使強度變成了 1/4,下降到原來的 1/4。這個結論也就是場強的平方反比定律。

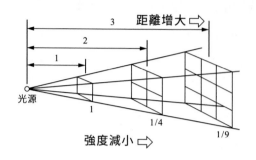

圖 1-6-2　點訊號源的傳播服從平方反比定律

　　從現代的向量分析及場論的觀點來看，在 n 維歐氏空間中，場強的變化應該與 r^{n-1} 成反比，當 $n = 3$，便化簡成平方反比定律。

　　得出了引力應該和距離平方成反比的結論之後，牛頓又繼續思考月亮為什麼不往地心掉落的問題。如果月亮也和蘋果一樣，受到的是地心的吸引力的話，蘋果下落，為何月亮不下落？又為何地球也不會掉落到太陽上呢？據牛頓自己回憶，在這個問題上，惠更斯關於離心力的思維，給了他啟發。他也看到孩子們經常用繩子繫著小球轉圈玩，如果轉得太快，繩子會被拉斷而使小球徑直向前拋出。這個現象是否與月球、地球的運動有相似之處呢？地球的吸引力和月亮轉動的離心力相互平衡，而維持月亮穩定繞地球作圓周運動。因此，重力既是使蘋果下落的力，也是維持行星和恆星之間運動的作用力。於是，牛頓又做進一步的計算。他發現，如果離心力剛好與距離成反比的話，行星必然要環繞力的中心，沿橢圓軌道旋轉，且從這中心與行星作出的連線所經過的面積與時間成正比。牛頓的 3 大運動定律中的第 3 定律是關於作用力和反作用力，將它用到引力問題上的話，便顯然得出結論：地球吸引月亮的同時，月亮也以同樣大小、方向相反的力作用到地球上。對蘋果來說也是如此，地球吸引蘋果，蘋果也應該吸引地球，但是這個力對地球來說影

響很小，那是因為地球質量太大的緣故。牛頓用他的運動第 2 定律，輕而易舉地想通了這個問題，由此，牛頓確定了引力「作用在世間萬物」的想法。

　　那麼，兩個物體之間的萬有引力，除了與距離平方成反比之外，還與哪些物理量有關呢？牛頓很容易地想到了應該與兩個物體的質量成正比。這個想法，從地球上「質量越大的物體越重」這一點便可以看出，從天體運動的規律也可以驗證。因此，牛頓萬有引力定律最後寫成：

$$F = \frac{Gm_1m_2}{r^2}$$

　　其中的比例係數 G 稱為萬有引力常數。G 是多大，當時的牛頓也回答不出來，直到 1798 年英國物理學家卡文迪許（Henry Cavendish）利用著名的卡文迪許實驗，才較精確地測出了這個數值。

　　牛頓引力理論揭開了部分引力之謎，統治物理界 200 多年，直到愛因斯坦的廣義相對論問世。廣義相對論別開生面，將引力與時間空間的彎曲性質連結起來。我們所熟悉的歐幾里得空間是平直而不是彎曲的。因此，在介紹廣義相對論之前，在第 2 章中，將先介紹這個理論的數學基礎：描述彎曲空間的黎曼幾何。

7
量子革命

　　愛因斯坦的兩個相對論還有很多故事。我們先插一段他對量子革命的貢獻。

　　19 世紀末，在物理學上是經典力學和馬克士威電磁理論叱吒風雲的年代，但與理論不相符合的兩個實驗：邁克遜 —— 莫雷實驗和有關黑體輻射的研究，使晴朗的天空飄起了二片小烏雲。之後，第一片烏雲動搖了牛頓力學，引發了愛因斯坦建立狹義相對論；而從第二片烏雲中，則誕生了量子理論。

　　愛因斯坦生逢其時，為清掃兩片烏雲，都立下汗馬功勞。且為解釋光電效應的光量子說為光的量子理論奠定了基礎，也使他獲得了 1921 年的諾貝爾物理學獎。

　　先解釋一下，黑體輻射問題到底給經典物理造成了什麼麻煩。所謂黑體，是指對光不反射、只吸收，但卻能輻射的物體，就像一根煉鐵爐中黑黝黝的撥火棍。撥火棍在一般的室溫下，似乎不會輻射，但如果將它插入煉鐵爐中，它的顏色便會隨著溫度的變化而變化：首先，溫度逐漸升高後，它會變成暗紅色，接著是更明亮的紅色；然後，是亮眼的金

黃色；再後來，還可能呈現出藍白色。為什麼會出現不同的顏色呢？這說明在不同的溫度下，撥火棍輻射出不同波長的光。當溫度固定在某個數值 T 時，撥火棍的輻射限制在一定的頻率範圍，有它的頻譜，或稱「頻譜圖」。圖 1-7-1 的曲線便是黑體輻射的頻譜圖，其水平軸表示的是不同的波長 λ，垂直軸 $M_0(\lambda, T)$ 表示的是在溫度為 T 時，在波長 λ 附近的輻射強度。輻射強度 $M_0(\lambda, T)$ 是溫度和波長的函數，當溫度 T 固定時，在某一個波長 λ_0 附近，輻射強度有最大值，這個最大值與 T 有關，這也就是我們所觀察到的撥火棍顏色隨溫度而改變的規律。

　　由經典馬克士威方程式推導而出的「維因公式」和「瑞立 —— 京士公式」，卻與黑體輻射的實驗結果不相符合。比如，維因公式在低頻時很符合，但高頻不行；而瑞立 —— 京士公式則在低頻時不符合。因此，光的經典電磁波理論無法解釋黑體輻射，且理論結果還導致所謂「紫外發散」的災難，見圖 1-7-1 中的實驗及理論曲線。

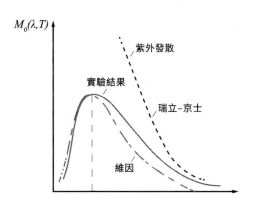

圖 1-7-1　黑體輻射的經典理論

　　普朗克在 1900 年發表了一篇劃時代的論文，使用一個巧妙而新穎的思維方法，來解決這個問題。經典理論認為，輻射出的電磁波是一種

能量連續的波動。但普朗克發現，如果假設黑體輻射時，能量不是連續的，而是一份一份地發射出來的話，就可以導出一個新的公式來解釋圖1-7-1中所示的實驗曲線。通常將普朗克的這篇文章視為量子理論的誕生日，儘管當時的普朗克並不明白為什麼在黑體輻射時能量要一份一份地發射出來。而且，普朗克本人之後還極力想放棄這種看起來毫無道理的處理方法。他花了 15 年的時間研究這個問題，企圖仍然用經典理論得出同樣的結論，但均以失敗而告終。

保守的普朗克在無意中當了一回勉為其難的革命者，讓撥火棍上的物理撥出了一場量子革命。而且，潘朵拉的盒子一旦打開，便難以將妖怪再關起來。不管怎麼樣，這種做法能解決實際問題，年輕的物理學家們一擁而上地發展這種一份一份的想法，並建立、壯大其理論，這便是現在我們稱為「量子力學」的東西。

普朗克沒有提出光量子的想法。直到 1905 年，26 歲的愛因斯坦對光電效應的貢獻，才真正使人們看到量子概念所閃現的曙光。

當物理學家們認知了「量子」的觀念之後，才發現，經典物理天空中的「烏雲」並不是只有黑體輻射那一小片，其實潛藏的問題還很多，比如光電效應也是其中一個。光電效應最早是被德國物理學家赫茲發現的。赫茲用兩個鋅質小球做實驗，當他用光線照射一個小球時，發現有電火花跳過兩個小球之間，如果用藍光或紫外線照射，電火花最明顯。

但使用經典的電磁理論，很難完整地解釋光電效應所觀察到的實驗事實：

1. 每一種金屬的光電效應有一個截止頻率，當入射光頻率小於該頻率時，無論多強的光也無法打出電子；

2. 光電效應中產生的光電子的速度與光的頻率有關，而與光強無關；

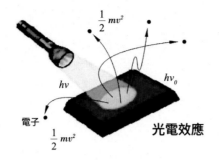

$$hv = hv_0 + \frac{1}{2}mv^2$$

h = 普朗克常數
v = 電子速度
v = 光量子頻率
v_0 = 頻率閾值
m = 電子質量

圖 1-7-2　光電效應的量子解釋

3. 光照到金屬上時幾乎立即產生光電流，響應時間非常短。

　　愛因斯坦在普朗克成功解釋黑體輻射的啟發下，比普朗克更進了一步。他不僅僅認為電磁場的能量是一份一份輻射出來的，且光本身就是由不連續的光量子組成，每一個光量子的能量 $E = hv$，它只與光的頻率 v 有關，而與強度無關。這裡的 h 便是普朗克常數。作了這個假設之後，便輕易地解釋了上面 3 條光電效應的實驗結果。

　　光是由一個一個的光量子組成的！這符合我們的日常生活經驗嗎？愛因斯坦的光量子理論之前，人們已經習慣認為光是一種連續不斷的波，像自來水不斷地從水管裡流出來一樣，光也是連續不斷地從光源發射出來，誰能看出光是一粒一粒的呢？不過，這點倒也不難理解，因為一個光量子的能量實在是太小了，比如說，藍光的頻率 $v = 6.2796912 \times 10^{14}$（Hz），普朗克常數 $h = 6.6 \times 10^{-34}$。一個藍光子的能量 $E = hv = 4 \times 10^{-19}$J，是個很小的數值，我們當然感覺不到一份一份光量子的存在。

　　愛因斯坦提出了光量子的說法，從此以後，牛頓原本信奉的光「微粒說」似乎又重新打回了物理界。不過此粒子非彼粒子，別看科學理論

經常反反覆覆地似乎在轉圈，但絕對不是簡單的重複和循環。量子理論對光的「粒子」解釋並不排斥波動說，而是用了一個新名詞，稱為「波粒二象性」。從量子理論的角度看來，光既是波又是粒子，具備兩者的特點。

　　使用光量子的概念，可以解釋剛才所說光電效應實驗的幾個特徵，為此我們先看看經典解釋碰到的困難。金屬表面的電子，需要一定的能量才能克服金屬對它的束縛而逃出來。這個能量值叫電子所需的功函數。每種金屬的功函數有不同的數值，比如，金屬鉀的功函數是2.22eV。光電效應就是電子吸收了光的能量，克服了功函數而逃出金屬的過程。經典理論如何解釋這個逸出過程呢？光的經典波動理論認為，光波的能量是連續被電子吸收的，無論入射光的頻率是多少都沒有關係，只要光強夠大，時間足夠長，總是能夠不停地累積能量，達到「功函數」的數值，而打出一個一個的電子。這樣的話，從波動說出發，不存在什麼「截止頻率」，這與第一個實驗事實相矛盾。由上面的經典理論，光越強，給電子的能量越多，就將使得逸出電子的動能越大，這不符合上述的第 2 個實驗事實。此外，電子逸出所需要的能量，需要時間來累積，也不符合實驗觀察到的「瞬時性」。

　　如果將光看成一個一個的光子，上述三個實驗特點便很容易解釋了。從光量子理論出發，每一個光子具有的能量（hv）等於光的頻率 v 乘以普朗克常數 h，這是一個不可分割的量，因為不存在半個光子或 1/4 個光子之類的東西。所以，以功函數是 2.22eV 的金屬鉀為例（圖 1-7-3），如果一個光子的能量少於鉀中電子的功函數的話，這種光便不能使「鉀」這種材料發生光電效應。從圖中可知，波長為 700nm 的紅光光子，能量只有 1.77eV，不能在鉀中產生光電效應。因此，這種紅光的頻率必定在鉀的截止頻率之下。第 2 個實驗事實也可以用同樣的道理加以

解釋：逸出電子的速度由它的動能決定，這個動能等於每個光子的能量減去功函數，而每個光子的能量又只與頻率有關，與光強度無關，所以光電子的速度便只與光頻率有關。此外，當一個光量子被一個電子吸收時，能量立即傳遞給電子，不需要長時間的累積，由此可以解釋光電效應的瞬時性。

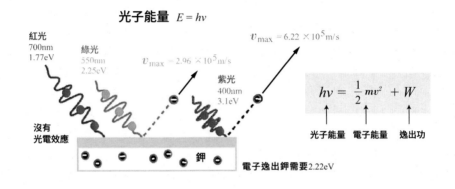

圖 1-7-3　用愛因斯坦光量子理論解釋鉀的光電效應

　　愛因斯坦提出光量子說，意識到光以及其他粒子的波粒二象性，為量子力學的發展作出重要貢獻。之後，新理論得以飛速發展，也造就了一批「量子」英雄，那真是一個充滿活力、令人神往、英雄輩出的年代。在眾多物理學家的共同努力之下，量子理論在 1920 年代末基本成形。但愛因斯坦一直無法接受以波耳為代表的哥本哈根學派對量子理論的正統詮釋，與波耳一派展開了長時期的論戰，在物理學史上被稱為「世紀之爭」。儘管愛因斯坦自己也沒有什麼好的說法來詮釋奇妙的量子現象，但他在與波耳辯論中提出的很多反對意見和思維實驗，無疑地對量子力學的發展和完善造成了極大的推動作用。特別是愛因斯坦與其他兩位同行在 1935 年發表的著名 EPR 文章（EPR 為愛因斯坦、波多斯基和羅森的名字首字母縮寫，為論證量子力學不完備而提出的悖論），促使

人們對量子理論中的定域性（局域性）進行了認真深入的思考和研究。在 EPR 文章中，愛因斯坦將經典理論難以理解的量子糾纏現象稱為「幽靈」，這個來源於德文的不平常詞彙充分表達了愛因斯坦對量子理論的深深不理解。量子理論為何導致不可預測性？上帝真的丟骰子嗎？量子糾纏如何能瞬間發生？怎麼改進量子論才能與相對論協調？這些問題令始終堅持經典實在論哲學觀點的愛因斯坦困惑終生。

　　100 多年來，量子理論在微觀世界中早已大展宏圖，也已經被成功地應用於科學技術領域的許多方面。在物理理論的基礎研究以及與量子相關的實驗方面，也獲得了不少新進展。量子理論的成功發展、實驗物理學家們對 EPR 問題的多方面探討，其結論似乎都沒有站在愛因斯坦這邊。然而，愛因斯坦的質疑並非毫無道理，量子理論仍然有待完善，基礎物理學仍然面對著種種困難，據說在 21 世紀，有望迎來第 2 次量子革命，讓我們拭目以待。

二、黎曼幾何

1
幾何幾何

幾何是一門古老的學科，它的年齡有幾何？可以讓我們一直追溯到2,000多年前的古希臘。實際上，恐怕沒有哪一門學科，像歐幾里得幾何學那樣，在西元前就已經被創立成形，而至今都還活躍在許多課堂和數學競賽試題中。在筆者那一代的學生中，不乏數學迷和幾何迷，大家在幾何世界中遨遊，從中體會數學的奧妙，也感受到無限的樂趣。

縱觀科學史，牛頓、愛因斯坦都是偉人，歐拉、高斯……偉大的數學家也可以列出不少，但恐怕很難找出像歐幾里得這樣的科學家，從2,000多年前一直到現代，人們還經常提到以他命名的「歐幾里得空間」、「歐幾里得幾何」等名詞，真可謂名垂千古了。愛因斯坦的理論剛到百年歷史，牛頓時代距今也還不過400多年，歐幾里得卻是西元前的人物了。

歐幾里得（Euclid，公元前325～前265年）的名字來源於希臘文，是「好名聲」的意思，難怪他被譽為幾何之父。歐幾里得的主要著作《幾何原本》（1607年，有徐光啟的中譯本），在全世界流傳2,000多年，的確為他留下了好名聲。

　　《幾何原本》不僅被人譽為有史以來最成功的教科書，且在幾何學發展的歷史中具有重要意義。其中所闡述的歐氏幾何是建立在 5 個公理之上的一套自洽而完整的邏輯理論，簡單而容易理解。這點令人驚嘆，它象徵著在 2,000 多年前，幾何學就已經成為一個有嚴密理論系統和科學方法的學科！除了《幾何原本》之外，歐幾里得流傳至今的著作還有另外 5 本，從中可以看出他對幾何光學及球面天文學等其他領域也頗有研究。

　　歐幾里得幾何是一個公理系統，主要研究的是二維空間中的平面幾何。所謂「公理系統」的意思是說，只需要設定幾條簡單、符合直覺、大家公認、不證自明的命題（稱為公理，或公設），然後從這幾個命題出發，推導證明其他的命題……再推導證明更多的命題，這樣一直繼續下去，一個數學理論便建立起來了。如上所述，建立公理系統的過程，類似建立一座高樓大廈：首先鋪上數塊牢靠的磚頭作為基礎，然後在這基礎上砌上第 2 層、第 3 層、第 4 層磚……一直繼續下去，直到大廈落成。所以，「公理」就是建造房屋時水平放在基底的第一層大「磚塊」。有了牢靠平放的基底，其他的磚塊便能一層一層疊上去，萬丈高樓也就平地而起了。基底磚塊有破損，或置放得不平，樓房就可能會倒塌。

　　歐幾里得平面幾何的公理（磚塊）有 5 條：

　　1. 從兩個不同的點可以作一條直線；

　　2. 線段能無限延伸成一條直線；

　　3. 給定線段一端點為圓心，該線段作半徑，可以作一個圓；

　　4. 所有直角都相等；

　　5. 若兩條直線都與第 3 條直線相交，且在同一邊的內角之和小於兩個直角，則這兩條直線在這一邊必定相交。

　　歐幾里得就從這 5 條簡單的公理，推演出了所有的平面幾何定理，建造出一個歐氏幾何的宏偉大廈。數學邏輯推理創造的奇蹟令人驚訝。

不過，當人們反覆思考這幾個公理時，覺得前面四個都是顯然不言自明的，唯有第 5 條公理比較複雜，聽起來不像一個簡單而容易被人接受的直覺概念。還有人推測，歐幾里得自己可能也對這條公理持懷疑態度，不然怎麼把它放在 5 條公理的最後呢？而且，歐幾里得在《幾何原本》中，推導前面 28 個命題時，都沒有用到第 5 公理，直到推導第 29 命題時，才開始用它。於是，人們就自然地提出疑問：這第 5 條是公理嗎？它是否可以由其他 4 條公理證明出來？大家的意思是說，歐氏平面幾何的大廈用前面 4 塊大磚頭可能就足以支撐了，這第 5 塊磚頭，恐怕本來就是放置在另外 4 塊磚頭之上的。

第 5 條公理也被稱為平行公理（平行公設），由這條公理可以導出下述等價的命題：

經過一個不在直線上的點，有且僅有一條不與該直線相交的直線。

因為平行公理並不像其他公理那麼一目瞭然。許多幾何學家嘗試用其他公理來證明這條公理，但都沒有成功，這種努力一直延續到 19 世紀初。1815 年左右，一個年輕的俄國數學家，尼古拉·羅巴切夫斯基（Nikolai Lobachevsky，1792 ～ 1856）開始思考這個問題。在試圖證明第 5 公設而屢次失敗後，羅巴切夫斯基採取了另外一種思路：如果這第 5 公設的確是條獨立的公理，將它改變一下，會產生什麼樣的後果呢？

羅巴切夫斯基巧妙地將上述與第 5 公設等價的命題改變如下：「過平面上直線外一點，至少可引兩條直線與已知直線不相交。」然後，將這條新的「第 5 公設」與其他 4 條公設一起，像歐氏幾何那樣類似地進行邏輯推理、建造大廈，推出新的幾何命題來。羅巴切夫斯基發現，如此建立的一套新幾何體系，雖然與歐氏幾何完全不同，但卻也是一個自身相容、沒有任何邏輯矛盾的體系。因此，羅巴切夫斯基宣稱：這個體系代表了一種新幾何，只不過其中許多命題有點古怪，似乎與常理不合，

但它在邏輯上的完整和嚴密卻完全可以與歐氏幾何媲美！

羅氏幾何體系得到古怪而不合常理的命題是必然的，因為被羅巴切夫斯基改變之後的第 5 公設，本身就與人們的日常生活經驗不相符合。過平面上直線外的一點，怎麼可能作出多條不同的直線，與已知直線不相交呢？由此而建造出來的數學邏輯大廈，儘管也是穩固而牢靠的，但卻有它的不尋常之處。比如說，羅氏幾何導出的如下幾條古怪命題：同一直線的垂線和斜線不一定相交；不存在矩形，因為四邊形不可能四個角都是直角；不存在相似三角形；過不在同一直線上的 3 點，不一定能作一個圓；一個三角形的三個內角之和小於 180°……。

然而，重要的是，羅巴切夫斯基使用的是一種反證法。因為既然改變第 5 公設能得到不同的幾何體系，那就說明第 5 公設是一條不能被證明的公理。所以，從此以後，數學家們便打消了企圖證明第 5 公設的念頭。然而，由於羅氏幾何得出的許多結論，和我們所習慣的歐氏空間直觀圖像相違背，羅巴切夫斯基生前並不得意，還遭遇不少的攻擊和嘲笑。

羅巴切夫斯基在 1830 年發表了他的非歐幾何論文。無獨有偶，匈牙利數學家鮑耶‧亞諾什（Bolyai János，1802～1860）在 1832 年也獨立地得到非歐幾何的結論。

匈牙利數學家鮑耶的父親，正好是大數學家高斯的大學同學。當父親將鮑耶的文章寄給高斯看後，高斯卻在回信中提及自己在 30 多年前就已經得到了相同的結果。這給正年輕氣盛的鮑耶很大的打擊和疑惑，甚至懷疑高斯企圖盜竊他的研究成果。但實際上，從高斯的文章、筆記、書信等可以證實，高斯的確早就進行了非歐幾何的研究，並在羅巴切夫斯基與鮑耶之前，已經得出了相同的結果，不過沒有將它們公開發表而已。

　　早在 1792 年，15 歲的高斯就開始了關於平行公理獨立性的證明。他繼而研究曲面（球面或雙曲面）上的三角幾何學，在 17 歲時就已深刻地了解到：「曲面三角形之外角和不等於 360°，而是成比例於曲面的面積」。1820 年左右，高斯已經得出了非歐幾何的很多結論，但不知何種原因，高斯沒有發表他的這些思維和結果，只是在 1855 年他去世後，才出現在出版的信件和筆記中。有人認為是因為高斯對自己的工作精益求精、寧缺毋濫的嚴謹態度；有人認為是高斯害怕教會等保守勢力的壓力；也有人認為高斯已經巧妙地將這些思維包含在他 1827 年的著作中。

　　實際上，第 5 公設還可以用不同的方式進行改造。像羅巴切夫斯基那樣，改成「可以引最少兩條平行線」的話，得到的是一種雙曲幾何。如果將第 5 公設改成「1 條平行線也不能作」的話，便又能得到另一種新幾何，稱為「球面幾何」。見圖 2-1-1。

　　本來，將第 5 公設改來改去只是數學家做的數學演繹遊戲，人們不認為由此而建立的非歐幾何有任何實用價值。何況，得到的幾何完全不符合我們生活的空間中看到的幾何。但沒想到幾 10 年之後，非歐幾何出人意料地在物理上找到了它的用途：愛因斯坦的廣義相對論需要它們。

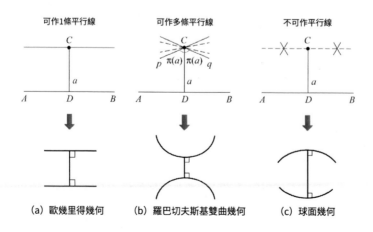

圖 2-1-1　不同的平行公設得到不同的幾何

2

迷人的曲線和曲面

　　繼歐幾里得之後的幾何第一人，應該是 16 世紀的勒內‧笛卡兒（Rene Descartes，1596 ～ 1650）。笛卡兒對科學的貢獻不僅限於數學，他被認為是西方現代哲學的奠基人。他有一個著名的哲學命題「我思故我在」：我存在，是因為我具備推理的固有能力。笛卡兒提倡自由地「普遍懷疑」，提醒人們不要輕易相信不那麼可靠的感官。笛卡兒的哲學思想為我們確立了對科學研究應有的基本態度。他也將自己的哲學思想用於數學。正是為了保證數學研究的嚴謹可靠，他引入坐標系而創造了解析幾何。

　　引入坐標概念的解析幾何是幾何發展中的一個重要里程碑。這種解析處理的方法，使幾何問題變得簡單，且使可研究的圖形範圍大大擴大。對平面曲線來說，歐氏幾何一般只能處理直線和圓。而現在有了坐標及函數的概念之後，直線可以用一次函數表示；圓可以用二次函數表示。二次函數不僅能夠表示圓，還能表示橢圓、拋物線、雙曲線等其他情形，甚至於用一個給定的方程式 $f(x, y) = 0$ 就可以表示任意平面曲線，這些都讓歐氏幾何學望塵莫及。如果論及三維空間的話，在解析化之後，還能用三維坐標 (x, y, z) 和它們的代數方程式，表示各式各樣

的空間曲線和奇形怪狀的曲面。進一步談到更高維的空間，歐幾里得幾何就難有用武之地了。

牛頓和萊布尼茲發明了微積分之後，基於解析幾何和微積分發展起來的微分幾何如虎添翼，使那個時代的數學和物理都面目一新。像羅巴切夫斯基那樣使用傳統的公理方法來研究幾何，顯然輸人一籌。也許高斯早就認知到這點，因此他並不看重他少年時代對非歐幾何所作的工作，他的興趣早就轉移到對曲線和曲面微分幾何的研究。

微分幾何的先行者有歐拉、克萊羅、蒙日以及高斯等人。法國數學家亞歷克西·克萊羅（Alexis Clairaut，1713～1763）是名副其實的神童，他的父親是位數學教授，克萊羅 9 歲開始讀《幾何原本》，13 歲時就在法國科學院宣讀他的數學論文。克萊羅對空間曲線進行了深入研究，第一次研究了空間曲線的曲率和扭率（當時被他稱為「雙重曲率」）。1731年，18 歲的克萊羅發表了〈關於雙重曲率曲線的研究〉一文，文中他公布了對空間曲線的研究成果，除了提出雙重曲率之外，還認知到在一個垂直於曲線切線的平面上，可以有無數多條法線，同時給出空間曲線的弧長公式。克萊羅並因此成為法國科學院有史以來最年輕的院士。加斯帕爾·蒙日（Gaspard Monge，1746～1818）也是法國數學家，他是畫法幾何學的創始人。

什麼是曲線的曲率和扭率？我們從圖 2-2-1（a）中所示的 3 條平面曲線來認識曲率。那 3 條曲線，就像是 3 條形狀不同的平地上的高速公路。

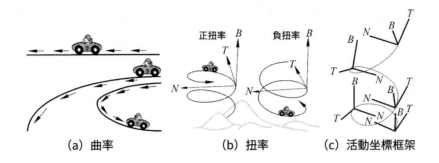

(a) 曲率　　　　　(b) 扭率　　　　(c) 活動坐標框架

圖 2-2-1　曲線的曲率和扭率

　　首先我們需要引進曲線的切線，或稱為「切向量」的概念，切向量即為當曲線上兩點無限接近時，它們連線的極限位置所決定的那個向量。圖 2-2-1（a）所示的公路上，所標示的所有箭頭便是在曲線上各個點切向量的直觀圖像。而曲率是什麼呢？曲率表徵曲線的彎曲程度。比如，圖 2-2-1（a）中最上面一條公路是直線，直線不會轉彎，我們說它的彎曲程度為 0，即曲率等於 0。這個 0 曲率與切向量的變化是有關係的，看看直線上的箭頭就容易明白了：上面所有箭頭方向都是一樣的。也就是說，曲率為 0（直線）就意味著切向量的方向不變，或切向量的旋轉速率等於 0。再看看圖 2-2-1（a）中下面兩條曲線，當弧長（汽車駛過的路程）增加時，這兩條切向量在不斷地旋轉，曲線也隨之而彎曲；切向量旋轉得越快，曲線的彎曲程度也越大。所以，數學上就把曲率定義為曲線的切向量對弧長的旋轉速度。

　　平地上彎彎曲曲的公路可以視為平面曲線，用「曲率」就可以描述它們。如果公路修建在山區中，它們一邊轉彎，還要一邊盤旋向上或向下。這時候，汽車駛過的路徑便已經不是平面曲線，而是空間曲線了。對山間的公路，如圖 2-2-1（b）所示，除了可以看到其彎曲的程度外，還能觀察到公路往上（或向下）繞行的快慢。如果用數學語言來表述的

話，就是對空間曲線而言，除了仍然可以用曲率來描述其切線旋轉的速度之外，還需要有另外一個幾何量來描述這個曲線偏離平面曲線的程度，或者說是繞行時高度升高的快慢。我們將這個幾何量叫「扭率」。

可以在曲線的每一個點定義一個由三個向量組成的三維標架，來描述三維空間中的曲線。首先，考慮平面曲線，令曲線的切線方向為 T，在曲線所在的平面上有一個與 T 垂直的方向 N。如果對圓周來說，N 的方向沿著半徑指向圓心，N 被稱為曲線在該點的「主法線方向」。在這條法線的前面加上一個「主」字，是因為與切線 T 垂直的向量不止一個，實際上，它們有無窮多個，都可以稱為曲線在該點的法線。這些法線構成一個平面，叫做透過該點的「法平面」。這所有的法線中，主法線是比較特別的一個。定義了切線 T 和主法線 N 之後，使用右手定則可以定義出三維空間中的另一個向量 B，B 也是法線之一，稱為「次法線」。對平面曲線而言，每個點的切向量 T 和主法線 N 的方向都逐點變化，唯有次法線 B 的方向不變。次法線的方向永遠是垂直於曲線所在平面的，因此，一條平面曲線上每個點的次法線都指向同一個方向，即指向與該平面垂直的方向。

對一般的空間曲線，情況有所不同。次法線的方向代表了與曲線「密切相貼」的那個平面，在一般三維曲線的情形下，這個密切相貼的平面逐點不一樣，被稱為曲線在這個點的「密切平面」。如圖 2-2-1 (c) 所示，對一般的三維曲線而言，在曲線上不同的點，三個標架 T、N、B 的方向都有所不同。每一點的次法線 B 的方向也會變化，不過它仍然與該點的密切平面垂直。

扭率被定義為次法線 B 的方向隨弧長變化的速率，描述了曲線偏離平面曲線的程度。一條空間曲線的曲率和扭率在空間的變化規律完全決定了這條曲線。

用微積分的方法對曲線及曲面進行研究，除了歐拉、克萊羅等人的貢獻之外，蒙日的工作舉足輕重。蒙日對曲線和曲面在三維空間中的相關性質作了詳細研究，並於 1805 年出版了第一本系統的微分幾何教材《分析法在幾何中的應用》，這部教材被數學界使用達 40 年之久。蒙日自己是個一流的數學教師，講起課來像說書、講故事一樣生動形象。他培養了一批優秀的數學人才，其中包括萊歐維爾、傅立葉、柯西等人，形成了所謂的「蒙日微分幾何學派」。他們的特點是將微分幾何與微分方程式的研究緊密結合，因而在研究曲線和曲面微分幾何的同時，也大大促進了微分方程式理論的進展。

蒙日對曲面的微分幾何性質進行了許多研究，尤其是對直紋面。直紋面是一類用特別方式產生的曲面。簡單地說，如果我們將一把「尺」在空間中移動，就能產生出一個曲面來。這種由於「尺」的移動，或者說，由於「一條直線」的平滑移動，而產生的曲面，便叫「直紋面」。

一把尺在空間移動的方式可以各式各樣，這樣就能形成各種不同的直紋面。舉例來說，最簡單的情形，就是尺平行地沿著直線移動，那就將形成一個平面；如果尺平行地沿著圓圈移動，就將形成一個柱面；而如果尺一端固定不動，另一端作圓周運動，將形成錐面。此外，還有很多別的形狀的直紋面，如雙曲面、切線面、螺旋面等。

當微分幾何的研究範圍從曲線擴大到曲面時，增加了一個本質上的全新概念：內蘊性。

解釋內蘊性之前，先介紹一下與內蘊性緊密相關的可展曲面和不可展曲面。

圖 2-2-2 的（a）和（b），分別列舉幾個不可展曲面和可展曲面。從日常生活經驗，很容易理解「可展」和「不可展」的含義。從圖 2-2-2（b）也可以看出，可展曲面就是可以展開成平面的那種曲面。比如，將

圖 2-2-2（b）所示的錐面，用剪刀剪一條線直到頂點，就可以沒有任何皺褶地平攤到桌子上。柱面也可以沿著與中心線平行的任何直線剪開，便成了一個平面（圖 2-2-3）。

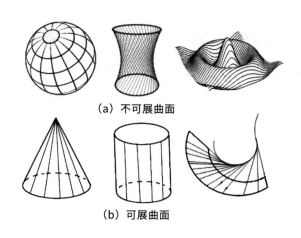

（a）不可展曲面

（b）可展曲面

圖 2-2-2　不可展曲面和可展曲面

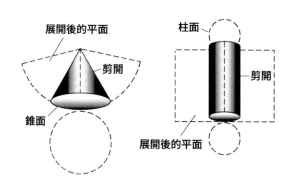

圖 2-2-3　錐面和柱面展開成平面

　　圖 2-2-2（a）所列舉的是不可展曲面，也就是不能展開成平面的曲面。也可用與剛才反過來的過程來解釋可展與不可展。你用一張平平的

紙，很容易捲成一個圓筒（柱面），或做成一頂錐形的帽子，但你無法作出一個球面。你頂多只能將這張紙剪成許多小紙片，黏成一個近似的球面。同樣的道理，你也無法用一張紙作出如圖 2-2-2（a）所示的馬鞍面的形狀。由此可直觀地看出可展面與不可展面的區別。

圖 2-2-2（b）中右邊所示的切線面也是一種可展曲面。而且，數學上可以證明，可展曲面只有圖 2-2-2（b）中所示的柱面、錐面和切線面這 3 種直紋面。也就是說，可展曲面都是直紋面，但直紋面卻不一定可展，比如圖 2-2-2（a）中圖所示的雙曲面（也叫馬鞍面）就是一種不可展的直紋面。

球面不是直紋面，球面也是不可展的。一頂做成近似半個球面的帽子，無論你怎麼剪裁它，都無法將它攤開成一個平面。

不可展是某些曲面的性質。曲線都是可展的，因為一條曲線無論彎曲成什麼形狀，都可以毫無困難地將它伸展成一條直線。

3
爬蟲的幾何

在上一節中畫出的曲面，都是從三維空間看到的曲面形狀。也就是將曲面嵌入三維歐幾里得空間中畫出來的曲面形態。在介紹曲面的可展性之前，我們也說過曲面可能具有的某種內蘊性質。所謂「內蘊」，是相對於「外嵌」而言。指的是曲面（或曲線）不依賴於它在三維空間中嵌入方式的某些性質。也就是說，曲面可能具有某些內在的、本質的幾何屬性。

可以用如下比喻來解釋「外嵌」和「內蘊」的差別：一個機械設計師，加工一個機械零件的球形表面，他是從他所在的三維歐幾里得空間來看待和測量這個球面的，即使用外嵌的觀察方式。但是，一個測地員在地球表面測量到的幾何性質，則是內蘊的球面幾何，見圖 2-3-1。

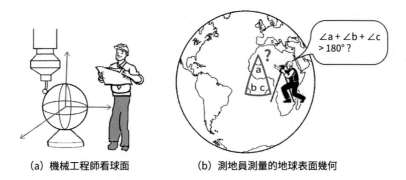

(a) 機械工程師看球面　　　　(b) 測地員測量的地球表面幾何

圖 2-3-1　　看待球面的不同方式：外嵌和內蘊，得到不同幾何性質

　　機械工程師的外嵌方式與我們日常生活中看待曲面的方式是一致的。因而，外嵌不難理解，但是對於內蘊的概念，就需要花點功夫去「設身處地」地體會體會了。

　　一個觀察者在自己生活的物理空間中，所能觀察和測量到的幾何性質，就是這個空間的內蘊性質。比如，球面的內蘊性質就是生活在球面上的二維爬蟲感受到的幾何性質。人類當然是三維的生物，不是什麼二維的爬蟲。但是，因為地球很大，所以我們的三維尺寸比起地球來說，是很小的。因此，可以將我們設想成某種二維生物在地球上進行大範圍地表的測量，這樣測量出來的幾何，與我們平時在小範圍中測量到的歐氏幾何有所不同。如此測量到的內蘊幾何性質有哪些呢？二維爬蟲可以測量爬過的長度、兩條線之間的角度、1 條閉合線圍成的區域面積⋯⋯等等。比如在圖 2-3-1（b）的例子中，測地員將會發現，他測量到三角形的內角和大於 180°。

　　對曲線而言，「爬蟲」只能是 1 維生物，想像一下它們在曲線上看到的幾何，可以幫助我們更理解內蘊性。一條線可以在三維空間中看起來轉彎抹角地任意彎曲，即隨意改變它的曲率和扭率，但生活在線上的「點狀螞蟻」卻觀察體會不到這些「彎來繞去」。牠在曲線上無法知道周

圍空間的任何訊息，牠唯一能測量到的幾何量，只是牠爬過的弧長。因此，螞蟻在空間的曲線上爬，或者在空間的直線上爬，測量到的幾何是一模一樣的。即使牠在我們外部看起來非常彎曲的線上爬，牠也感覺不出牠的世界與直線有任何的不同。

所以，就曲線而言，沒有什麼與「外嵌」不同的「內蘊」幾何。所有曲線的內蘊性質都是一樣的，也都和直線內蘊性質一樣，因為它們只有一個內蘊幾何量：弧長。讀者可能會問：你前面介紹空間曲線的曲率和扭率，又是什麼性質呢？那是從三維空間觀察這條曲線時得到的「外在」幾何特性，但並不是內蘊幾何量，對曲線來說，只有弧長才是內蘊的。

曲線沒有內蘊幾何，曲線都是可展的。由此可知，內蘊幾何性質與可展性有關，對曲面來說也是如此。所以，現在我們要研究一下曲面上的爬蟲會看到什麼樣的幾何？

讓我們遵循笛卡兒的思想，不要隨便相信我們的感官。在判定曲面的內蘊性質時，需要一些數學概念來進行一點理性的分析。對空間曲線，我們定義過「外在」的曲率和扭率，但對於嵌入三維空間的球面，我們還沒有定義過類似的「外在」幾何量。

如何描述三維空間中曲面的彎曲情況？首先，我們可以將曲線中曲率的定義推廣到曲面上。

透過曲面上的一個給定點 G，可以畫出無限多條曲面上的曲線，因而可以作無限多條切線。可以證明，這些切線都在同一個平面上，這個平面被稱為曲面在這點的「切平面」，透過該點與切平面垂直的直線叫曲面在這點的「法線」。

現在，我們透過法線可以作出無限多個平面，這每一個平面都與曲面相交於一條平面曲線 C，－而且，可以定義平面曲線 C 在 G 點的曲

率，如圖 2-3-2（a）所示，曲線 C_1、C_2、……在 G 點的曲率分別為 Q_1、Q_2、……。

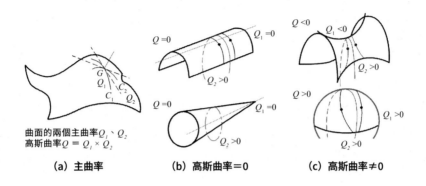

圖 2-3-2　曲面的兩個主曲率及高斯曲率

在所有的這些曲率（Q_1、Q_2……）中，找出最小值 Q_1 和最大值 Q_2，把它們叫做曲面在點 G 的「主曲率」。對應主曲率的兩條切線方向總是互相垂直的。這是大數學家歐拉在 1760 年得到的一個結論，稱為曲面的兩個「主方向」。從圖 2-3-2（b）和圖 2-3-2（c）中可以看到，曲面上給定點的兩個主曲率可正、可負，也可為 0。當曲線轉向與平面給定法向量相同方向時，曲率取正值，否則取負值。

空間曲線的曲率和扭率並不是內蘊的。對曲面來說，歐拉定義了兩個主曲率，將這兩個主曲率相加再除以 2，可以定義「平均曲率」。然而人們發現，主曲率和平均曲率都不是內蘊幾何量。

蒙日雖然分析、研究了很多種類的曲面，但他並沒有考慮這些曲面的內蘊性質。也就是說，他並沒有把曲面視為一個獨立於外界環境而存在的幾何對象來研究。高斯是第一個把曲面獨立於它所嵌入的三維空間來看待的人。高斯從曲面的可展、不可展性質聯想到它們的內蘊性。雖然主曲率和平均曲率不是內蘊的，但高斯從幾何直觀感覺到，應該存在

某種「內蘊曲率」。最後，高斯證明了「高斯曲率」，即兩個主曲率的乘積，代表曲面的一種內蘊性質。

曲面有可展（成平面）與不可展之分。一個球面是不可展的，因為你不可能將它鋪成一個平面；而柱面可展，它具有與平面完全相同的內在幾何性質。可展性反映了曲面某種內在的性質，如果有一種生活在柱面上的生物，牠會覺得與生活在平面上是一模一樣的，但球面生物就能感覺到幾何上的差異。比如，柱面生物在牠的柱面世界中畫一個三角形，將三角形的三個角加起來，結論與平面生物得到的一致，會等於180°；而球面生物在牠的世界中畫一個三角形，它將會發現三角形的三個角加起來大於180°。

高斯意識到，弧長是曲面最重要的內蘊幾何量。只要在足夠小的範圍內，構造了計算弧長微分的公式（高斯將它稱為曲面的第一基本形式），便可以得到角度、面積等其他內蘊量，建立起曲面的內蘊幾何。

1827 年，高斯發表了〈關於曲面的一般研究〉一文，研究曲面情形下能獨立發展的幾何性質。高斯將他的結論命名為「絕妙定理」，其絕妙之處就在於它提出並在數學上證明了內蘊幾何這個幾何史上全新的概念。它說明曲面並不僅僅是嵌入三維歐氏空間中的一個子圖形，曲面本身就是一個空間，這個空間有它自身內在的幾何學，獨立於外界的三維空間而存在。這篇論文建立了曲面的內在幾何，使微分幾何自此成為一門獨立的學科。

4

愛因斯坦和數學

　　牛頓創立了經典力學、發明了微積分。他既是偉大的物理學家，又是偉大的數學家。愛因斯坦解釋了光電效應、發展了量子理論、建立狹義相對論和廣義相對論，對現代物理學作出劃時代的貢獻，但他並不是一個數學家。他年輕時修數學課程還經常逃課，以至於他在蘇黎世聯邦理工學院讀書時的數學老師閔考斯基稱他為「懶狗」。

　　愛因斯坦重視物理思想，不為數學操心，因為他幸運地結交了兩位優秀的猶太數學家朋友。他們為他的兩個相對論中的數學做了重要的基礎工作。這其中一人，就是剛才談到的閔考斯基。

　　赫爾曼・閔考斯基（Hermann Minkowski，1864 ～ 1909）是出生於俄國的德國數學家，曾經是愛因斯坦在瑞士蘇黎世求學時期的老師。當初他很不看好這個蓬頭垢面、從不認真上課的學生，曾經當面對愛因斯坦說，他「不適合做物理」。不過，當愛因斯坦建立狹義相對論之後，閔考斯基卻成為一名對相對論極其熱心的數學家。他在 1907 年提出的四維時空概念，成為相對論最重要的數學基礎之一。不幸的是，閔考斯基才 45 歲就因急性闌尾炎搶救無效而去世。據說他臨死前大發感慨，說自己

在相對論剛開始的年代就死去，實在太划不來了。

另一位對愛因斯坦極有影響的數學家是他的同學格羅斯曼。

瑞士數學家格羅斯曼・馬塞爾（Grossmann Marcell，1878～1936）與愛因斯坦緣分很深，是愛因斯坦年輕時的好朋友。有人甚至說，沒有格羅斯曼，就沒有偉人愛因斯坦。格羅斯曼在學校裡是個上課認真聽課、做筆記的好學生。然後，這些完整的筆記就成為愛因斯坦每次考試時的救命稻草，讓他得以敷衍考試、完成學業、用心思考他認為更重要的「物理大事」。愛因斯坦大學畢業後，找不到好工作，後來靠格羅斯曼父親的關係，推薦他到瑞士專利局當職員。

後來，格羅斯曼成為黎曼幾何專家。在愛因斯坦為找不到適當的數學工具來表述他的天才物理思想而困惑多年之後，向愛因斯坦提起了黎曼幾何，使愛因斯坦順利攻克難關，創立了他最為得意的彎曲時空物理理論：廣義相對論。

數學，特別是黎曼幾何，無疑對愛因斯坦創立廣義相對論造成了至關重要的作用。儘管愛因斯坦曾經被數學老師稱為「懶狗」，還有說他數學曾經不及格之類的傳言，但那都不是一個真實的愛因斯坦。其實，愛因斯坦並不缺少數學天賦。照他自己的說法，16歲前，他就已學會歐氏幾何和微積分。只不過，年輕時期的愛因斯坦，出於對物理的執著和熱愛，只把數學視為表述他物理思想的語言和工具。

愛因斯坦曾在一次演講中談到數學和物理的關係時，作了一個比喻。大意是說，如果沒有幾何只有物理，就好像文學中沒有語言只有思想一樣。的確如此，愛因斯坦對時間、空間非同尋常的見解，對引力、加速度等效而使時空彎曲的幾何思想，令他感到無比快樂而著迷。因此，他當時感到急需一種合適的語言來描述他的物理概念，說出他深奧的思想！這是一種什麼樣的語言呢？在建立廣義相對論的過程中，愛因

斯坦迷惘、困惑了好幾年，直到 1912 年的某天，他突然想到，解開祕密的鑰匙，似乎就是高斯的曲面論。於是，他立刻請教好友格羅斯曼。完全出乎他的意料之外，格羅斯曼告訴他，比高斯的曲面論更進了一步，半個世紀之前的黎曼，已經幫他的引力理論想出一個完美的數學結構：黎曼幾何。

格羅斯曼還介紹了另外一位數學家給愛因斯坦：列維 —— 奇維塔（Levi-Civita，1873 ～ 1941）。列維 —— 奇維塔是義大利的猶太裔數學家，他和他的老師 —— 另一位義大利數學家里奇 —— 庫爾巴斯托羅（Ricci Curbastro，1853 ～ 1925）一起創建了張量分析和張量微積分。列維 —— 奇維塔後來與愛因斯坦關係密切，以至於當別人問到愛因斯坦最喜歡義大利的什麼東西時，愛因斯坦風趣地回答：「義大利麵條和列維 —— 奇維塔！」

所以，儘管愛因斯坦自己不是數學家，但他得到了數學界這幾個「貴人」相助，不亦樂乎。閔考斯基幫他研究四維時空；列維 —— 奇維塔讓他明白張量代數和張量微積分；而格羅斯曼則教他黎曼幾何，這些是對他建立廣義相對論至關重要的數學基礎。

和高斯一樣，黎曼（Bernhard Riemann，1826 ～ 1866）也是德國數學家，同樣出生在貧困的普通家庭。黎曼剛好比高斯小 50 歲，於 1826 年生於德國的一個小村莊。黎曼 19 歲進入哥廷根大學讀書時，高斯已經年近 70 歲，是鼎鼎有名的大學教授。在聽了高斯的幾次數學講座之後，黎曼下定決心改修數學，成為高斯晚年的學生。博士畢業後，黎曼為了申請哥廷根大學的一個教職，作了一個題為〈論作為幾何基礎的假設〉就職演說（英文翻譯版），並由此創立了黎曼幾何。

如前所述，高斯對曲面定義了內在的高斯曲率，等於曲面上某一點的兩個主曲率之乘積。而羅巴切夫斯基建立的非歐幾何，則是從改變歐

氏幾何的第 5 公設而得到的。在他的就職演說中，黎曼將二維曲面中的球面幾何、雙曲幾何（即羅巴切夫斯基幾何）和歐氏幾何，以及這 3 種幾何與高斯曲率 K 的關係，統一在下述表達式（2-4-1）中：

坐標系 x 中的弧長微分表達式，式中的 K 為高斯曲率：

$$ds = \frac{1}{1 + \frac{1}{4} K \sum x^2} \sqrt{\sum dx^2}$$

(2-4-1)

$E =$ 三角形內角和

$K = +1, E > 180°$
球面幾何

$K = -1, E < 180°$
雙曲幾何

$K = 0, E = 180°$
歐氏幾何

圖　2-4-1

　　式（2-4-1）中的 K 為高斯曲率，當 $K = +1$，所描述的是三角形內角和 E 大於 180° 的球面幾何；當 $K = -1$，所描述的是內角和 E 小於 180° 的雙曲幾何；當 $K = 0$，則對應於通常的歐幾里得幾何。黎曼引入度規（附錄 C）的概念，將 3 種幾何在微分幾何的框架中統一在一起（圖 2-4-1）。

　　從上一節中我們知道，曲面上的弧長是最基本內蘊幾何量。根據弧長微分的表達式可以定義空間的度規，從而計算出其他的幾何量。在二維空間中，度規是一個 2×2 的矩陣，或使用黎曼幾何的語言來說，是一個 2 階張量（有關張量和度規的更詳細介紹，請參考附錄 B 和附錄 C）。黎曼認真研究了曲面上的度規，即在曲面上如何表示一小段弧長。然

後，根據弧長微分表達式的不同，得出了不同的曲面內在幾何性質。

簡而言之，度規告訴我們如何在坐標系中度量一小段弧長。有了度規，就有了度量空間長度的某種方法，也就能夠測量和計算距離、角度、面積等其他幾何量，從而建立空間中的幾何學。因此，我們不妨研究一下二維空間中弧長微分表達式的特點。

歐幾里得空間中的微小弧長可以由勾股定理得到。比如，圖 2-4-2 (a) 和圖 2-4-2 (b) 分別表示在二維歐幾里得空間（平坦空間）中，微小弧長在直角坐標 $(x，y)$ 和極坐標 $(r，\theta)$ 中的表達式。現在，考慮一個非歐幾里得二維空間，比如球面，計算微小弧長的最簡單方法，就是將它嵌入三維的歐氏空間中，如圖 2-4-2 (c) 所示。同樣可以在三維空間中應用勾股定理，得到二維球面上（經緯）極坐標 $(\theta，\varphi)$ 中的 $\mathrm{d}s^2$ 表達式。

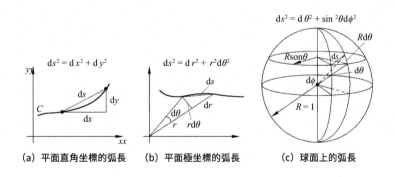

(a) 平面直角坐標的弧長　　(b) 平面極坐標的弧長　　(c) 球面上的弧長

圖 2-4-2　平面（a、b）和球面（c）上的弧長微分的幾何圖像和表達式

圖 2-4-2 中 3 種情況下的弧長平方（$\mathrm{d}s^2$）表達式中，關於坐標微分平方的係數，就是這 3 種情形下的度規張量 g。它們也可以被寫成矩陣的形式：

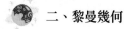

平面直角坐標：

$$g = \begin{bmatrix} 1 & 0 \\ 0 & 1 \end{bmatrix} \tag{2-4-2}$$

平面極坐標：

$$g = \begin{bmatrix} 1 & 0 \\ 0 & r^2 \end{bmatrix} \tag{2-4-3}$$

球面經緯線坐標：

$$g = \begin{bmatrix} 1 & 0 \\ 0 & \sin^2\theta \end{bmatrix} \tag{2-4-4}$$

總結一下這 3 種情況下度規的性質：

式（2-4-2）的平面直角坐標度規是個簡單的 δ_{ij} 函數（i 等於 j 時為 1，否則為 0），且對整個平面所有的 p 點都是一樣的；式（2-4-3）的平面極坐標度規對整個平面不是常數，隨點 p 的 r 不同而不同；式（2-4-3）球面坐標上的度規也不是常數。

平面上的直角坐標和極坐標同樣都是描述平坦、無彎曲的歐幾里得平面，但 2 種坐標下度規的形式卻不同。不過，平面中的極坐標和直角坐標是可以互相轉換的，因此極坐標的度規可以經過坐標變換而變成 δ 函數形式的度規。

看起來，δ 函數形式的度規是歐氏空間的特徵。那麼，現在就有一個問題：第 3 種情況的球面度規，是否也可以經過坐標變換而變成 δ 形式的度規呢？對此數學家們已經有了證明，答案是否定的。也就是說，在

ds 保持不變的情形下，無論你作何種坐標變換，都不可能將球面的度規
變成 δ 形式。由此表明了一個重要的事實：球面的內在彎曲性質無法透
過坐標變換而消除。因此，度規便可以區分平面和球面或其他空間的內
在彎曲狀況。也就是說，度規的性質決定了空間的內在曲率。

　　黎曼對微分幾何的重要貢獻在於他將二維曲面及度規的概念擴展到
「n 維流形」。流形的名字來自於他原本的德語術語 Mannigfaltigkeit，英
語翻譯成 manifold，是「多層」的意思。嵌入在三維空間中各種形態的
二維曲面，使我們能直觀地想像「二維流形」。但對超過或等於三維的
流形，就很難有直觀印象了，那就需要借助數學工具來分析，這也正是
數學的魅力所在。

　　圓柱面、球面和雙曲面是二維流形的例子，第一種是平坦流形，後
兩個是彎曲的。一般的流形，不但「不平」，而且其「不平」度還可以
逐點不一樣，流形的整體也可能有你意想不到的任何古怪形狀。

　　類似二維流形，在 n 維黎曼流形上每一點 p 可以定義「黎曼度規」
$g_{ij}(p)$，這種以空間中的點為變量的物理量叫做「場」。也就是說，在
流形上可以定義一個黎曼度規場：

$$\mathrm{d}s^2 = \sum_{i,j=1}^{n} g_{ij}(p)\,\mathrm{d}x^i\,\mathrm{d}x^j \tag{2-4-5}$$

　　大多數流形都不是「平」的。高斯定義了高斯曲率來描述平面和
「不可展」曲面的差異，黎曼將曲率的概念擴展為「黎曼曲率張量」。那
是 n 維流形每個點上的一個 4 階張量，張量的個數隨 n 的增大變化很大，
且表達式非常複雜。不過，由於對稱性的原因，可以將獨立的數目大大
減少。黎曼研究的是一般情況下的 n 維流形，通常 $n \geq 3$，但我們人類的
大腦想像不出，電腦也畫不出來這些高維而又「不平坦」的流形是什麼
樣子，所以只好用嵌入三維空間的二維曲面圖像來表示這種「彎曲」流

形，如圖 2-4-3 所示。

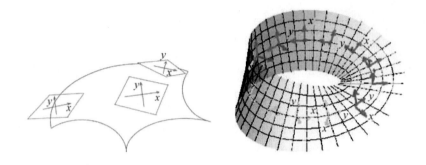

圖 2-4-3　過流形上每一點的切空間

　　雖然大多數流形整體而言都是彎曲的，但流形的每個點附近的局部範圍，都可以看成是歐幾里得空間。也就是在這個局部的歐氏空間中，可以定義局部的直角坐標系、度規張量等。需要強調的是，這些局部直角坐標框架，是逐點變化的活動標架，如圖 2-4-3 所示，而不是像在原來的歐氏空間中，整個空間都使用一個固定的坐標系統。

向量的平行移動

　　如前所述，就空間的內在屬性而言，有平坦和彎曲之分，那麼它們的幾何圖像有什麼不同呢？歐氏空間是平坦空間，比如我們生活其中的三維歐氏空間。一張紙、一塊黑板，則可以代表平坦的二維歐氏空間。歐氏空間的坐標圖像比較簡單。想像在三維空間中有一個大大的 (x, y, z) 直角坐標框架，或者是二維空間中的 (x, y) 框架，空間中任意一點的位置，都可以用這個直角坐標系來確定。而彎曲空間（或流形）就不同了，它沒有一個整體的直角坐標框架，而是在每一點都有一個局部的直角框架，像圖 2-4-2 中所表示的那樣。

　　歐幾里得空間中使用一個固定的整體坐標系，很方便比較不同點的兩個向量的大小，只需要比較它們在整體坐標系中分量的大小就可以了。也可以將它們的端點移動到一起來進行比較，如圖 2-5-1（a）所示。如果要在流形上作比較，就不是那麼簡單了。比如，要比較圖 2-5-1（b）中的向量 A 和向量 B，因為每個點使用不同的坐標系，A 的分量與 B 的分量是在兩個不同坐標系（(x_1, y_1) 和 (x_2, y_2)）下面的數值，比較失去了意義。於是，我們可以考慮第 2 種方法：將向量 B 從 p_1「平行移動」到 A 所在的位置 p_2 之後，再進行比較。其實這麼做也存在同樣的問題：

流形上的平行移動是什麼意思呢？

因此，我們需要理解，在流形上，一個向量沿著一條線（圖中的曲線 C）如何進行「平行移動」？

最簡單的情況是二維歐幾里得平面上的平行移動。回想一下圖 2-2-1 (b) 中所畫的高速公路上行駛的汽車，汽車的速度是一個指向前方的向量。如果汽車在平直的公路上開，這個速度向量便隨汽車向前平行地移動。如果公路是彎曲的，汽車的速度向量便也就不斷轉向，作的運動就不是平行移動了。但如果汽車上放置了一個陀螺儀，那麼，無論汽車是在直路行駛，還是在彎路行駛，陀螺儀總是指向一定的方向，所以，陀螺儀所代表的那個向量，是一直作平行移動的。

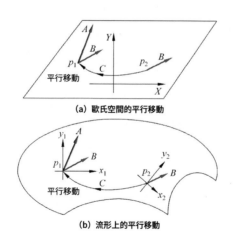

(a) 歐氏空間的平行移動

(b) 流形上的平行移動

圖　2-5-1

什麼是平行移動？簡單地說，就是將一個向量平行於自身的方向，沿著空間裡的一條曲線移動。像剛才汽車上的陀螺儀那樣，汽車沿公路運動時，它總是平行於自己原來的指向。不過，如何給平行移動下一個

更為數學化的定義呢？如果在二維平面的直角坐標系中考慮這個問題的話，平行移動的意思就是：「保持這個向量在歐幾里得直角坐標系中的分量不變。」就像圖 2-5-1（a）所畫的一樣。關鍵點仍然返回到流形上，如何「保持分量不變」的問題。

我們可以按照微積分的觀點來思考「平行移動」的問題。沿著某條曲線的平行移動，是由許多沿著無窮小的一段弧長 ds 平行移動的連續操作而構成。如果明白「平行移動無窮小弧長 ds」的意思，也就明白了整個平行移動。由上可知，平行移動就是要在弧長改變為 ds 時，盡量保持向量不改變，也就是說，向量對弧長的導數為 0，即：

$$dV/ds = 0$$

如果是在歐氏空間的直角坐標下作平行移動，坐標基矢是不變的，上面的式子就是普通的導數，因而可以得到：$dV^j/ds = 0$，即向量每一個分量的導數都為 0。但是，如果是在流形上作平行移動的話，還需要考慮坐標軸的基矢逐點變化這個事實，因而上面公式中的導數，要被協變導數所代替。有關協變導數的更多介紹，有興趣的讀者可參考附錄 D。

在流形上代之以對 V 的協變導數之後，原來的平行移動微分表達式 $dV^j/ds = 0$ 變成了：

$$dV^j/ds + \Gamma^j_{np}V^n\,dx^p/ds = 0$$

其中Γ^j_{np}的意義參見附錄 D。

在物理上，更感興趣的是，一個向量平行移動一圈後，再回到原來出發點時，是否會有所改變？比如跟著汽車轉了一圈的陀螺儀，指的方向是否還和原來出發時的方向一樣？也許你會不假思索就給出答案：當然沒有什麼改變。但這是因為你習慣用歐氏空間的直角坐標系來思考問題，而輕易得出的結論。如果我們假設地面是一個歐幾里得平面，陀螺儀平行移動回到原處時，方向的確不會改變。但是，每個人都知道，

我們的地球是一個球，所以實際上我們是生活在一個球面上。那麼，如果從球面（或者別的曲面）的角度考察這個問題，又會得出什麼樣的結論呢？

所謂「平行移動」的意思是說，在移動向量的時候，盡可能保持向量方向相對於自身沒有旋轉。一個女孩平行地前進、後退、左右移動，只要她的身體沒有扭動，就叫平行移動。這樣，當她移動一周，回到出發點的時候，她認為她應該和原來出發時面對著同樣的方向。她的想法是正確的，如果她是在平面上移動的話。但是，假如她是在球面上移動的話，她將發現她面朝的方向可能不一樣了！出發時她的臉朝左，回來時卻是臉朝前，見圖 2-5-2（b）。

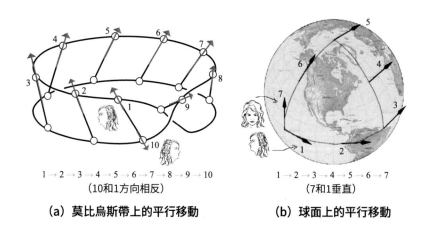

1→2→3→4→5→6→7→8→9→10
（10和1方向相反）

（a）莫比烏斯帶上的平行移動

1→2→3→4→5→6→7
（7和1垂直）

（b）球面上的平行移動

圖　2-5-2

比如，將女孩面對的方向用一個箭頭（向量）來表示。圖 2-5-2（a）所示的是一個向量在莫比烏斯帶上的平行移動，當向量從位置 1 出發，沿著數字 1、2、3、……一直移動到 10，也就是回到原來的出發位置時，得到的向量和原來的反向。圖 2-5-2（b）所示的是球面上的平行移動，

當向量從位置 1 出發，沿著數字 1、2、3、……一直移動到 7，也就是回到原來的出發位置時，得到的向量和原來的向量垂直。

　　上面的兩個例子說明，向量在曲面上平行移動一周後，不一定還能保持原來的方向，可能與出發時有所差別。這個差別正好與曲面的高斯曲率有關。

6
阿扁的世界

下面我們研究在錐面上的平行移動。比如，我們想像有一個極小、極扁的平面生物「阿扁」，生活在一張平坦的紙上。阿扁使用直角坐標系對牠的平坦世界進行觀察和測量。牠感受到的幾何，是標準的歐幾里得幾何：三角形的三個內角之和等於180°；不在同一直線上的3點，可以作一個圓；直角三角形的2條直角邊長度的平方和等於斜邊長的平方等。

阿扁也學過微積分，會計算許多圖形的面積，懂得向量和張量等概念。阿扁經常在牠的世界中駕車旅行，繞行一圈回來之後，牠車上的陀螺儀方向總是與原來方向相同，如圖 2-6-1（a）所示的那樣。

有一天，來了一個三維世界的小生物「阿三」。阿三看中了阿扁生活的這張紙，且突發奇想，把這張紙剪了一個角。比如像圖 2-6-1（b）所畫的情形，剪了一個45°的角，然後將剩餘圖形的 2 條剪縫黏在一起，做成了一個如圖 2-6-1（c）所示的錐面。阿扁是個二維小爬蟲，牠看不見阿三，也感覺不到阿三的存在，更不可能知道阿三對牠的世界做了什麼。

不過，生活在紙上的阿扁並沒有立即感到牠的世界有什麼變化。照樣是歐氏幾何，牠畫的直角坐標軸仍然在那裡。當牠拿著牠的（平面）

陀螺儀，沿著牠的小圓圈（像 C_1 那樣的）旅行而回到原來出發點時，陀螺儀的指向和原本一樣。這說明向量平行移動的規律好像沒有任何改變。

　　阿扁的技術越來越高，膽子越來越大，旅遊路線也走得越來越遠。牠逐漸發現一些問題。比如，當牠沿著圖中所示，像 C_2 那樣的曲線走了一圈，回到原來出發點時，牠的陀螺儀指向和出發時有了一個 45°的角度差。這個新發現令阿扁激動又困惑。於是，牠進行了更多的帶陀螺儀繞圈實驗，繞了好多個不同的圈，終於總結出一個規律：牠生活的世界，在圖 2-6-1（c）中所標記的點 O 附近，是一個特殊的區域，只要牠移動的閉曲線中包含了這個區域，陀螺儀的指向就總是和原來出發時的方向相差 45°左右。如果旅遊圈沒有包括這個點的話，便不會使陀螺儀的方向發生任何改變。當時的阿扁，技術還不夠精確，還沒有搞清楚這個區域是多大，況且，牠也有點害怕那塊神祕兮兮的地方，不敢在那裡逗留太久，作太多的探索，以防遭遇生命危險。

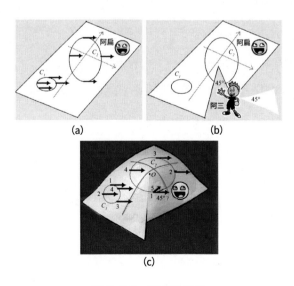

圖 2-6-1　阿扁的世界

阿扁喜歡讀書、學習新知識，牠從一本數學書中了解到，如果陀螺儀走一圈方向改變的話，說明你所在的空間是彎曲的。因此，總結歸納牠多次實驗的結果，阿扁提出一個假設：牠所在的世界基本是平坦的，除了那塊該死的區域之外！

再回到我們的世界來看待球面幾何。陀螺儀走一圈後方向改變的值，叫平行移動一周後產生的角度虧損，可用 θ 表示。角度虧損與空間的高斯曲率有關，一個標準球面上的高斯曲率處處相等。因此，如果有某種生活在球面上的扁平生物，牠沿任何曲線繞行一圈後，陀螺儀方向都會有變化，而且，角度虧損 θ 不是固定的，將與繞行回路所包圍的球面面積 A 成正比，其比例係數對球面而言是一個定值，就等於曲面的高斯曲率 K。角度虧損 $\theta = K \times A$。

如果研究對象不是標準的球面，而是一般的二維曲面，上述「角度虧損 θ 正比於區域面積 A」的結論，在大範圍內不能成立，但在二維曲面某個給定的 P 點附近，當繞行的回路趨近於無限小的時候，仍然成立。也就是說：無限小的角度虧損 $d\theta$ 將正比於無限小的區域面積 dA：$d\theta = K \times dA$。這時的 $K = d\theta/dA$，便是曲面上這一點的曲率。

阿扁也想通了這些道理，明白牠的世界不是球面。而大多數地方都是平面，只有一點不對，那一點附近的空間是彎曲的。

可以將上面有關曲面曲率與無限小平行移動角度虧損的關係（$K = d\theta/dA$）用到錐面。因為錐面是一個可展曲面。它所有地方的幾何，都與平面上的歐幾里得幾何一樣，除了那個頂點以外。也就是說，錐面上每個點的曲率都等於 0，但頂點是一個曲率等於無窮大的奇點。

有了這些數學知識，阿扁恍然大悟：原來我生活的世界是一個錐面！

人類是三維空間的生物，我們的世界是三維的。就像前面所描述的

「阿三」，當然會比那個可憐的平面生物「阿扁」高明多了。阿扁反覆測量了許多次，還加上對牠的二維扁平腦袋來說極端困難的「抽象」，才弄明白了牠的錐面世界！而我們在三維世界中看二維，就能看得非常清楚：錐面是一個可展曲面，或者說，本來就是由阿三將一張平面的「紙」剪去一個角而黏成的。因此，我們瞄一眼就知道，阿扁的錐面世界處處都是平坦的，除了那一個頂點 O 之外。

在錐面上作平行移動時，為什麼當移動路徑包括了頂點 O 時，就會有角度虧損呢？從我們的三維世界更容易理解這個問題。在圖 2-6-2（a）中，我們將錐面從頂點剪開後，重新展開還原成一個平面圖形。這個「剪去一角的平面圖形」與整個歐幾里得平面的區別在於，圖中的 A 和 B 是錐面上的同一點，因此，直線 OA 和 OB 需要被理解為是同一條線。

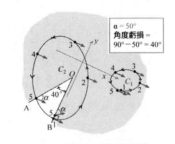

(a) 錐面上的平行移動

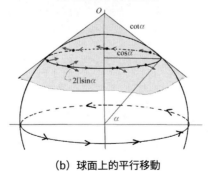

(b) 球面上的平行移動

圖 2-6-2　錐面和球面上的平行移動

圖 2-6-2（a）中靠右方的閉合曲線 C_1，沒有包含頂點 O，因而，曲線 C_1 所在的所有區域，都和歐幾里得平面沒有任何區別。但是，如果向量是沿著曲線 C_2 平行移動的話，情況則會不同，因為 C_2 包括了頂點 O，向量在繞行過程中，必然會碰到直線 OA。假設向量從 B 點出發時的方向垂直於 OB，也是垂直於 OA 的。回到點 5 的時候，保持和原來相同的方向，但是因為 OA 和 OB 之間剪去了一個角，平行移動到點 5 時，向量並不垂直於 OA，而 OA 和 OB 又是同一條線，所以最後的向量與 OB 也不垂直。產生角度差的原因是因為平面被剪去了一角，又黏成錐形，使繞行錐面一周，並不等於平面上繞過了 360°，而是少走了一個角度，產生「角度虧損」。正是錐面頂點無窮大的曲率造成了這個角度虧損。換言之，角度虧損是被包圍的區域中「不平坦」產生的。對於錐面的情況，不平坦的來源是頂點。

球面上向量的平行移動可以簡化為緯度為 α 的錐面上平行移動。如圖 2-6-2（b）所示，我們給球面帶上一頂剛好與其在 C_α 相切的錐形帽子。在如此構造的結構中，像阿扁這種二維生物，假設牠只能看到牠周圍無限小的距離，牠無法分辨牠是在球面上沿著 C_α 平行移動，還是在錐面上沿著 C_α 平行移動，因為兩者的移動效果是一樣的。因此，球面上沿 C_α 平行移動的角度虧損，等於沿錐面平行移動的角度虧損。當緯度 α 變大，圓周 C_α 向上方移動且變小，錐形帽子剪去的角度也就更小，錐形變得更平坦，因而使平行移動後的角度虧損也更小。

不難算出，球面上向量沿 α 緯度圈平行移動一圈的角度虧損為 2π $(1-\sin\alpha)$。這個角度虧損是來源於所包圍的區域中「不平坦」性的總和。球面的「不平坦」性處處相同，對半徑為 r 的球面，應用公式：角度虧損 $\theta = K \times A$，即 $2\pi(1-\sin\alpha) = K \times A$，這裡 A 是緯度 α 以上部分球面的面積，計算可得 $A = r^2 \times 2\pi(1-\sin\alpha)$，然後，可以解出球面的曲率 $K = 1/r^2$。

　　由平行移動計算的曲率 K 可正可負。如果向量沿著閉合曲線逆時針方向平行移動一周後，得到逆時針方向的角度變化；或順時針方向平行移動後，得到順時針方向的角度變化，表明曲率為正，否則為負。馬鞍面是曲率為負值的二維曲面例子。

7

測地線和曲率張量

　　平行移動的概念不僅可以被用來定義曲面的曲率，也可以被用來定義測地線。

　　測地線是歐幾里得幾何中「直線」概念在黎曼幾何中的推廣。歐氏幾何中的直線，整體來說是 2 點之間最短的連線，局部來說，可以用「切向量方向不改變」來定義它。將後面一條的說法稍加改動，便可以直接推廣到黎曼幾何中：「如果一條曲線的切向量關於曲線自己是平行移動的，則該曲線為測地線。」

　　以球面為例，我們可以利用上一節中採取的方法來研究切向量的平行移動。一般來說，沿著球面上緯度為 α 的圓平行移動，等效於在一個錐面「帽子」上的平行移動。然而，當 $\alpha = 0$ 時（對應於赤道），錐面變成了柱面，如圖 2-7-1（a）所示。因而，可以將錐面或柱面（赤道）展開成平面來研究球面上的平行移動。圖 2-7-1（b）和（c）分別是錐面和柱面展開的平面上平行移動示意圖。從兩個圖中可以看出，切向量的平行移動對 $\alpha = 0$（赤道）和 $\alpha > 0$（非赤道）2 種情形有所不同。對小於赤道的圓，從錐面展開的平面圖可知，點 1 的切向量，平行移動到 2、

3、……各點後，不一定再是切向量；而赤道在柱面展開的平面圖中，是一條直線，所以點 1 的切向量平行移動到 2、3、……各點後，仍然是切向量。

因此，如赤道這樣的「大圓」，即圓心與球心重合的圓，符合我們剛才所說的測地線定義：切向量平行移動後，仍然是切向量。所有的大圓都是球面上的測地線。

測地線是否一定是短程線呢？對歐氏空間來說是如此，但對一般的黎曼空間不一定如此。比如球面上，連接 2 點的測地線至少有 2 條（一個大圓的 2 段），那條小於 180°的圓弧是短程線，而另一部分，即大於 180°的圓弧，就不是短程線了。不過，測地線是局部意義上的短程線，對於充分接近的兩個點，測地線是最短曲線。

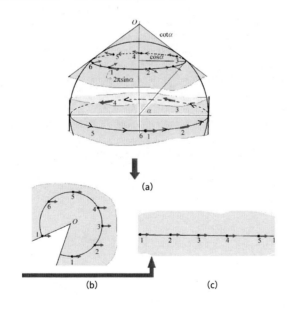

圖 2-7-1　在緯度 α 的圓上，以及在赤道上切向量的平行移動有所不同

如前所述，二維曲面上某一點 P 的曲率 R，被定義為「任意向量沿

曲面上無限小的閉曲線平行移動後的角度虧損，對閉曲線所包圍之面積的導數」，即：標量曲率 $R = d\theta/dA$。以上的敘述包含如下幾點概念：曲率 R 是局部的，隨點 P 位置的變化而變化；曲率 R 的定義依賴於一個二維曲面；曲率 R 的定義與某個角度虧損有關。所謂角度虧損，就是向量的方向平行移動後，相對於原來的方向，繞某一個軸轉動的角度。

在二維曲面上的每個點，按照上面的方法，能定義一個曲率 R。也就是說，定義了二維曲面上的一個標量曲率場。

現在，如果考慮一般的 n 維黎曼流形，就需要將上述的曲率概念加以推廣。首先想到的是：在維數大於 2 的流形上的每一點，應該仍然可以局部地定義曲率。然而，如果按照二維曲率定義的方法，當 n 大於 2 時，不僅得到一個曲率值，而是可以定義多個曲率數值。其原因是，對高維空間中的一點，通過它的二維面不止一個；另外，當我們考慮角度虧損時，也不是只有一個角度虧損值，相對於每一個可能存在的轉軸，都將有一個所謂角度虧損值。如此一來，n 維流形上每一個點的曲率需要不止一個數值來描述。所以，我們便在每個點的切空間中定義一個曲率張量，或換言之，賦予黎曼流形上一個曲率張量場。

下面需要考慮的是，這個曲率張量的階數是多少？或者說，這個曲率張量應該有幾個指標，才能表徵 n 維黎曼流形在一個給定點的內蘊彎曲度？

可以用如下的方法，將二維空間標量曲率概念推廣到 n 維以上的流形。首先考慮 n 維流形中的向量 V 在 P 點附近的平行移動方式。向量 V 可以沿過 P 點任何一個二維子流形的回路平行移動。比如說，圖 2-7-2 所示的是 V 在由坐標 x^μ 和 x^ν 表示的曲面上，沿著 dx^μ、dx^ν、$-dx^\mu$、$-dx^\nu$ 圍成的四邊形回路平行移動的情形。一般來說，當 V 繞回路一圈返回原點時，將和原來向量不一樣，得到了一個改變量 δV。類比於標量曲率 R 的

定義，向量的這個增量應該正比於平行移動的路徑所圍成的面積，即 $\mathrm{d}x^{\mu}\mathrm{d}x^{\nu}$。除此之外，向量增量 δV 還應該與原向量 V 有關。考慮 δV 和 V 方向上的差異，增量 δV 的逆變分量 $\delta V\alpha$ 可以寫成如下形式：

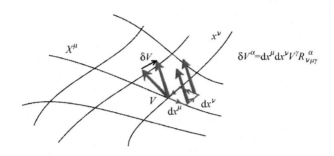

圖 2-7-2　黎曼曲率張量和平行移動

$$\delta V^{\alpha} = \mathrm{d}x^{\mu}\,\mathrm{d}x^{\nu}V^{\gamma}R^{\alpha}_{\nu\mu\gamma} \qquad (2\text{-}7\text{-}1)$$

這裡，將平行移動一周之後的微小變化，用符號 δ 表示，以區別坐標的線性微分增量 $\mathrm{d}x^{\mu}$ 或 $\mathrm{d}x^{\nu}$。

公式（2-7-1）中的比例係數 $R^{\alpha}_{\nu\mu\gamma}$，便是黎曼曲率張量。如前所述，四個指標中的兩個 μ 和 ν 對應於平行移動路徑所在的二維曲面，而另外兩個指標 α 和 γ 分別表示向量增量 δV 及原來向量 V 的逆變指標。公式右邊的重複指標 μ、ν 和 γ 是求和的意思，這是遵循以前提到過的「愛因斯坦求和約定」，以後用到重複指標時，都是表示求和的約定，不再贅述。

黎曼曲率張量是個 4 階張量，對 n 維空間，四個指標都可以從 1 變化到 n，因而分量數目很多。但是由於對稱性的原因，獨立分量的數目大大減少，只有 $n^2(n^2\text{-}1)/12$ 個。按照這個公式，當 n 等於 4 時，有 20 個獨立分量；當 n 等於 2 時，曲率只有 1 個獨立分量，這便是我們曾介紹過的二維曲面的高斯曲率。

黎曼幾何中有多種方式來理解和定義內在曲率的概念，下面將作一簡單介紹。本來是同一個東西，從多種不同的角度看一看，可以加深理解。就像是你在觀察一座山：「橫看成嶺側成峰，遠近高低各不同」，多照幾張照片，才能幫助我們識得廬山真面目。上文中，用平行移動概念來定義的 4 階黎曼曲率張量 $R^\alpha_{\mu\nu\gamma}$ 是定義曲率最標準的形式。黎曼曲率張量就像是給某座山某處附近照的標準照片，它的四個指標獨立地變化，其取值範圍都是從 $1 \sim n$，因而總的變化數目就有 n^4 個，在 $n = 4$ 的情形下，這個數等於 256。好比是在這附近照了 256 張照片，不過，由於對稱性，其中很多是重複的，不重複的只有 20 張。經專家們研究後認為，將整座山的每一個「局部景觀」，都如法炮製地照出 20 張不重複的照片，便能作為這座山的完整描述。

除了黎曼曲率張量之外，還可以用「截面曲率」來描述彎曲流形。截面曲率被定義為 n 維流形過給定點的所有二維截面高斯曲率的總和。截面曲率等效於黎曼曲率張量，與截面曲率有關的 20 張照片，同樣也是內蘊曲率的完整描述，但因為拍攝技術有所不同，有著更容易被人理解的直觀幾何解釋。

不過，愛因斯坦在他的引力場方程式中用到的，是另外兩個稱為「里奇曲率」的幾何量：里奇曲率張量 $R_{\mu\nu}$ 和里奇曲率標量 R，這兩個曲率是透過上述黎曼曲率張量的指標縮並而得到的，將指標縮並的意思是什麼？繼續使用剛才的比喻，20 張照片中，有些是相似的，因而可以先挑選出更有代表性的一類，然後又將此類中的幾張照片合併起來放到一張照片裡。利用這種技巧，在某種條件下，將 20 張標準照簡化到只用 10 張就夠了。

比如，里奇曲率張量就是由原本四個指標的黎曼曲率張量 $R^\alpha_{\mu\nu}$，將其中兩個指標 α 和 ρ 縮並而成的 2 階張量，寫成：$R_{\mu\nu} = R^\rho_{\mu\rho\nu}$。如果將原本黎

曼曲率張量中四個指標中的兩個（α 和 ρ）看成矩陣的行列指標，那麼，4 階黎曼曲率張量就等效於 n^2 個 2 階矩陣。進一步將矩陣的兩個行列指標「縮並」：意思就是將這個矩陣只用一個數（它的 trace）來表示。因而，指標縮並後，原來的 n^2 個矩陣就變成 n^2 個數值，這就是所謂的「里奇曲率張量」。

里奇曲率標量是由里奇曲率張量的兩個指標再進一步縮並而成的一個標量：$R = g^{\mu\nu}R_{\mu\nu}$。在二維曲面情形下，R 正好是高斯曲率的 2 倍。

這裡最後插上一段話，重申關於對「內蘊」的理解。高斯和黎曼的微分幾何研究，強調的也是流形的「內蘊」性質。遺憾的是，受限於大腦的思維能力，我們無法用直觀的圖像來表達更高維空間的這種「內蘊」性。唯一能加深和驗證理解的直觀工具，就是想像嵌入在三維歐氏空間中的各種二維曲面。但我們務必要隨時記住，在研究這些曲面的幾何性質時，盡量不把它們當作三維歐氏空間中的子空間，而是把自己想像成生活在曲面上、只能看見這個曲面上發生事件的「阿扁」，當我們從阿扁的角度來進行測量、考慮問題時，涉及的幾何量便是「內蘊」幾何量。然而，阿扁觀測到的只是二維曲面上的內蘊幾何，研究維數更高的黎曼流形時，還需要使用另外一個訣竅。這個方法讓我們更容易保持「內蘊」的思考，那就是：一切都得從度規張量出發。因為度規張量決定了幾何中最基本的內蘊量：弧長，這是黎曼幾何的關鍵，有了度規張量後，便可以導出其他的內蘊幾何量。

理解黎曼幾何和廣義相對論的另一個重要原則就是，物理規律要與坐標系無關。儘管任何有用處的實際計算都是在某個坐標系下進行的，但計算結果表達的物理定律，卻是獨立於坐標而存在。這也就是我們總要將描述物理規律的方程式寫成「張量」形式的原因，因為張量的坐標分量在坐標變換下作線性齊次變換。線性表明張量屬於切空間，齊次表

明張量與坐標系選擇無關。如果一個張量在某個坐標系下所有分量都是零，經過線性齊次變換後，它在任何坐標系中都將是零。

流形上每個點與相鄰點有不同的切空間，因而也有不同的坐標系和度規。為了能在流形上建立微分運算，兩個相鄰的切空間之間便需要定義某種「聯絡」，以義大利數學家列維 —— 奇維塔命名的 Levi-Civita 聯絡是在黎曼流形的切空間之間保持黎曼度量不變的唯一無扭率聯絡，克里斯多福符號則是列維 —— 奇維塔聯絡的坐標空間表達式。具體地說，就是用列維 —— 奇維塔聯絡將不同切空間中不同的度規張量連繫起來。而作為列維 —— 奇維塔聯絡坐標表達式的克里斯多福符號，只與度規張量和度規張量的微分有關。然後，則可以在列維 —— 奇維塔聯絡的意義下，定義協變微分和平行移動。引進協變微分的目的是為了定義張量之間的微分規則，以確保張量的協變微分仍然是一個張量。因為從協變微分而定義的平行移動與空間的「不平坦」程度密切相關，從而便由平行移動定義了測地線以及各種曲率的概念。

黎曼流形上每一點的有限鄰域不一定是「平」的，但是當這個鄰域很小的時候，可以當成是平面，就如我們在日常生活中感覺不出地球是球面一樣。然後，在地球表面上，每個點都帶了一個不同方向的、切空間的活動標架。這些切空間構成一個「叢」。可以通俗地想像成高高低低、起伏不平的地球表面上，長滿了「樹叢」。這些所有「樹」的局部幾何加在一起，構成了整個流形的幾何。樹與樹之間有些枝椏互相連結起來，即「聯絡」。原來的歐式空間呢？不像剛才描述的地球模型，而只是一個無限延伸的平面，簡單多了，整個平面上均勻地鋪上了一層草皮而已。

三、相對論悖論知多少

1
孿生子悖論

　　一開始，愛因斯坦對閔考斯基的四維時空不以為然，但當他結合黎曼幾何考慮廣義相對論的數學模型時，才意識到這個相對論少不了數學概念的重要性。

　　狹義相對論透過勞侖茲變換將時間和空間的概念連結在一起。我們生活的空間是三維的，因為三個數字決定了空間一點的位置。然而，在這個世界發生的任何事件，除了決定地點（即位置）的三個值之外，發生的時間點也很重要。如果把時間視為另外一個維度的話，我們的世界便是四維的了，稱為四維時空。其實四維時空也是我們生活中常用的表達方式，比如，當從電視裡看到新聞報導，說到在曼哈頓第 5 大道 99 街某高樓上的第 60 層發生殺人案件時，一定會提到案件發生的時間：2014 年 10 月 3 日 6 點左右。這個報導提到的 5、99、60 這三個數字，可以說代表了事件的三維空間坐標，而發生的時間（2014 年 10 月 3 日 6 點）就是第四維坐標了。

　　儘管物理學家企圖將時間和空間統一在一起，但兩者在物理意義上終有區別，無法將它們完全一視同仁，一定的場合下還必須嚴格加以區

分。於是，天才數學家龐加萊將四維時空中的時間維和空間維分別用實數和虛數來表示。也就是說，將時空用三個實數坐標代表空間，1 個虛數坐標描述時間。或者反過來：用 1 個實數坐標表示時間，和三個虛數坐標表示空間。到底是讓空間作為實數當主角（前者）；還是像後面那種情況，將時間表示為實數？只不過是一種約定或習慣而已。後一種表示方法是本書會經常使用的。

後來，閔考斯基發展了龐加萊的想法，他用仿射空間來定義四維時空。如此一來，就可以在形式上用對稱而統一的方式來處理時間和空間。類似於三維歐幾里得空間中的坐標旋轉，勞侖茲變換成為這個四維時空中的一個雙曲旋轉。在歐幾里得空間中，兩個相鄰點之間間隔的平方是一個正定二次式：

$$ds^2 = dx^2 + dy^2 + dz^2$$

上面二次式「正定」的意思可暫且簡單理解為 dx^2、dy^2、dz^2 等的係數都是正數。

但「正定」這點不適用於閔考斯基時空，因為時空中的坐標除了實數之外，還有虛數。根據剛才的約定，閔考斯基時空中兩個相鄰點之間間隔的平方變成了：

$$d\tau^2 = dt^2\text{-}dx^2\text{-}dy^2\text{-}dz^2$$

這裡的 $d\tau$ 被稱為固有時。不同於歐幾里得度規，閔考斯基時空的度規是「非正定」的。這種非正定性也導致閔氏空間具有許多不同於歐氏空間的有趣性質。

從物理的角度來看，時間和空間最根本的不同是時間概念的單向性。你在空間中可以上下左右、四面八方隨意移動，朝一個方向前進之後，可以後退再走回來。但時間卻不一樣，它只能向前，不會倒流，否則便會破壞因果律，產生許多不合實際情況的荒謬結論。

愛因斯坦的狹義相對論將時間和空間統一起來，徹底改變了經典的時空觀，由此也產生許多「悖論」，孿生子悖論是其中最著名的一個。

根據相對論，對靜止的觀測者來說，運動物體的時鐘會變慢。而相對論又認為運動是相對的，那麼有人就感到混亂了：站在地面上的人認為火車上的鐘更慢；坐在火車上的人認為地面上的鐘更慢。到底是誰的鐘快、誰的鐘慢啊？之所以問這種問題，說明人們在潛意識裡仍然認為時間是「絕對」的。儘管愛因斯坦將同時性的概念解釋得頭頭是道，聽起來也似乎有他的道理，但是人們總覺得有問題、想不通，於是便總結出一個孿生子悖論，它最早是由朗之萬在 1911 年提出的。

話說地球上某年某月某日，假設在 1997 年吧！誕生了一對雙胞胎，其中哥哥（劉天）被宇宙飛船 1 號送上太空，而弟弟（劉地）則留守地球過普通人的日子。飛船 1 號以極快的速度（光速的 3/4）飛離地球（圖 3-1-1 中向右）。根據相對論的計算結果，在如此高的速度下，時間變慢的效應很明顯，大概是 3：2。所謂「時鐘變慢」，是一種物理效應，不僅是時鐘，而是所有與時間有關的過程，諸如植物生長、細胞分裂、原子振盪，還有你的心跳，所有的過程都放慢了腳步。總之就是說，當自認為是在「靜止」參考系中的人過了 3 年時，他認為運動的人只過了 2 年。按照地球人的計畫，1997 年發射的那艘宇宙飛船 1 號，將於地球上 30 年（而飛船 1 號上 20 年）之後，在某處與飛船 2 號相遇。飛船 2 號是朝向地球飛過來的，即圖 3-1-1 中向左的方向，速度也是光速的 3/4 左右。在那個時刻，劉天從飛船 1 號轉移到飛船 2 號。也就是說，飛船 1 號繼續向右飛行，飛船 2 號繼續向左飛行，只有劉天突然掉頭，反向以速度（$0.75c$）飛回地球。因此，地球上總共經過了 60 年，2057 年，一對雙胞胎能夠再見面啦！那時候，地球上的弟弟劉地已經 60 歲了，但一直生活在高速運動飛船中的哥哥劉天，卻只過了 40 個年頭，人當壯年，還

在風華正茂的年月。不過,有人便說:劉天會怎麼想呢?愛因斯坦的狹義相對論不是說所有的參考系都是同等的嗎?劉天認為自己在飛船中一直是靜止的,地球上的弟弟卻總是相對於他作高速運動,因此,他以為弟弟應該比他年輕許多才對。但是,事實卻不是如此,他看到的弟弟已經是兩鬢飛霜、老態初現,這似乎構成了悖論。無論如何,我們應該如何解釋劉天心中的疑惑呢?

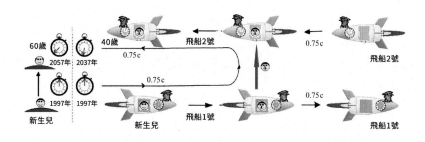

圖 3-1-1　孿生子悖論

　　首先,劉天有關狹義相對論的說法是錯誤的。狹義相對論並不認為所有的參考系都等同,而是認為只有慣性參考系才是等同的。劉天在旅行過程中,坐了兩個宇宙飛船。他的旅程分成飛離地球(飛船 1 號)和飛向地球(飛船 2 號)這兩個階段。飛船 1 號和飛船 2 號可以分別視為慣性參考系,但劉天的整個旅行過程卻不能視為一個統一的慣性參考系。因為劉天的觀察系統不是慣性參考系,劉天便不能以此而得出劉地比他年輕的結論。所以,「悖論」不成立。當劉天返回地球時,的確會發現地球上的弟弟已經比自己老了 20 歲。如果設想兩個宇宙飛船的速度更快一些,快到接近光速的話,當飛船再次返回地球時,的確就有可能出現神話故事中描述的「山中方一日,世上已千年」的奇蹟了。

　　然而,如何解釋孿生子悖論,如何計算兩人相遇時各自的年齡呢?下面 2 節將會仔細分析。

2

同時的相對性

我們可以使用剛才介紹的閔考斯基時空來分析孿生子悖論。不過，我們並不需要畫出四維的圖形，只需要像圖 3-2-1 所示的，畫出一個時間軸 t 加一個空間軸 x，二維時空就足以說明問題了。

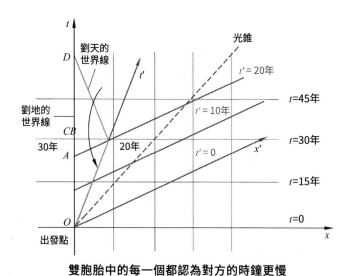

雙胞胎中的每一個都認為對方的時鐘更慢

圖 3-2-1　地球慣性系（黑色直角坐標）和飛船 1 號慣性系
（紅色斜交坐標）中同時的相對性

圖 3-2-1 中用黑線標示的直角坐標系 (t, x) 是地球參考系中的坐標。在這個坐標系中，兩個孿生子的時空過程可以分別用他們的「世界線」來表示。什麼是世界線呢？就是某個事件在時空中所走的路徑。用這個新名詞，以區別於僅僅是空間的「軌跡」或僅僅是時間的流逝。比如，劉地一直在地球上沒有離開，所以他的世界線是沿著地球坐標系的 t 軸，路徑為 $O \rightarrow A \rightarrow C \rightarrow D$，在圖 3-2-1 中是一條垂直向上的直線。而劉天坐了 2 次宇宙飛船，他的世界線在圖中是一條折線，為 $O \rightarrow B \rightarrow D$。

也就是說，在圖的地球坐標系中，兩個孿生子的世界線都是從 O 到 D，這是標誌他們交會見面的兩個時空點：分別對應於出生時 (O) 和地球上 60 年之後 (D)。兩人的世界線中，一條是直線，一條是折線，這又說明什麼呢？讀者可能會認為：折線不是比直線長嗎？這點在普通空間是正確的，在「時空」中卻未必見得，那是因為在這個二維時空的距離平方表達式中，有一個負號的緣故（度規不是正定的）：

$$d\tau^2 = dt^2 - dx^2 \tag{3-2-1}$$

而在普通二維坐標空間中，度規是正定的：

$$ds^2 = dx^2 + dy^2 \tag{3-2-2}$$

換言之，式 (3-2-1) 中，時空度規的負號造成了時空空間與普通空間不同的一些奇特性質。

首先，我們透過圖 3-2-1 觀察、解釋一下時空中「同時」概念的相對性。對地球參考系（黑線直角坐標）而言，同時的點位於平行 x 軸（黑色）的同一條水平線上，即水平線是同時線。比如，地球 2012 年發生的事件，都在標誌「$t = 15$ 年」的那條黑色水平線上。

宇宙飛船 1 號相對於地球向右作勻速運動，也可以視為一個慣性參考系。我們將飛船 1 號的同時線用紅色線表示，且將它們與地球的時空

坐標系畫到同一個圖（圖 3-2-1）中。地球時空坐標用黑色線表示，飛船 1 號的時空坐標用紅色線表示。

　　飛船 1 號的時空坐標相對於地球時空坐標來說，有一個旋轉，如圖中紅色的斜線所示。但讀者務必注意，這裡所謂的「坐標軸旋轉」，不同於普通空間中的旋轉，它被稱為「雙曲旋轉」。普通空間中的坐標轉動，直角坐標轉動後仍然是直角坐標。但在閔考斯基時空中，進行坐標變換時，需要保持光速不變，也就是保持光錐的位置總是在 45° 角處，如圖 3-2-1 中的虛線所示。所以，當時間軸順時針轉動時，空間軸需要逆時針轉動，以對光錐保持對稱。

　　對飛船 1 號的時空參考系而言，等時線不再是水平線，而是平行於 x'，標上了 $t' = 0$、$t' = 10$ 年、$t' = 20$ 年的那些紅色斜線，見圖 3-2-1。例如，研究圖中 A、B、C 這三個事件之間的關係。在地球的時空坐標中，C 和 B 是同時的，都發生在地球時間為 30 年的那條等時線上。然而，從飛船 1 號的時空參考系來看，A 和 B 才是同時發生的，都發生在飛船 1 號的時間 $t' = 20$ 年的那條等時線上。而在飛船 1 號看來，C 事件是在 A 事件之後，所以也在 B 事件之後。

　　現在，將以上概念用於孿生子問題中。劉地在地球坐標系上，他認為 C 和 B 是同時發生的，都發生在地球的 2027 年，C 點在劉地的世界線上，表明劉地 30 歲；B 點在劉天的世界線上，表明劉天的「地球年齡」是 30 歲。但因為劉天實際上是在運動中的飛船 1 號上，所以時間過得更慢，因而劉地認為劉天的「真實年齡」是 20 歲。

　　到地球上的 2027 年為止，劉天（B 點之前）一直都在飛船 1 號上。在他看來，B 和 C 不是同時的。按照他的紅線坐標，B 和 A 才是同時的，B 點對應自己 20 歲，與 B 同時的是 A 點，弟弟劉地相對於自己是運動的，時間應該更慢，所以在 A 點他還不到 20 歲。

到此為止，兩個人的說法都是正確的，每個人都認為對方坐標系中的時鐘比自己的更慢，從而都可以得出對方比自己更年輕的結論。但是，想像一下，如果劉天只坐在飛船 1 號上的話，他和劉地就永遠不可能再見面了，因而也就不可能構成前面所述的悖論。不過，讀者可能會說：他們雖然不能見面，但是可以通電話呀！在電話中，他們互相一問，不就知道對方幾歲了嗎？然而，狹義相對論認為，訊息的速度不可能超過光速，當他們以光速通話時，也需要考慮他們之間的距離，以及同時性的問題。因此，對這種通電話的情況，我們就不進一步詳細分析了。

在我們的故事中，地球上過了 30 年之後，劉天被轉移到了飛船 2 號上面，掉頭向地球飛來。飛船 2 號的參考系（圖中沒有畫出），已經不同於飛船 1 號的紅線坐標參考系。這其中，劉天從飛船 1 號轉到飛船 2 號時，身體承受的物理過程就說不清楚了，要使劉天從 + 0.75c 的速度，變成 -0.75c 的速度，加速和減速的過程必不可少。在這個過程中的劉天感覺會如何？他會不會被壓扁或撕裂了？這裡我們暫且不去考慮，而著重於從狹義相對論時鐘變慢的效應來估算他的年齡。

3

閔考斯基時空中的固有時

那麼，既然在孿生子悖論中需要考慮宇宙飛船的加速度，是不是需要廣義相對論的知識才能解釋清楚它呢？也不是這樣的。用地球參考系的二維時空圖，就可以解釋清楚。這裡，需要先介紹一下在相對論中很重要的「固有時」概念。

固有時，或稱「原時」，在式（3-2-1）中表示的是微分形式的 $d\tau$，一段有限長度的固有時，可從積分計算得到。比較式（3-2-1）和式（3-2-2）可知，固有時 τ 類似於普通空間中的弧長 s。在普通空間中，弧長 s 表示一條曲線的長度，或者說是一個人走過的路徑長度。如圖 3-3-1 所示，設想一個旅行者（太空人），帶著自己的時鐘和捲尺，一直記錄他走過的距離和時間。捲尺計算、測量他走過的距離，而時鐘所記錄的就是固有時。從圖 3-3-1（b）中可以看出固有時和坐標時的區別，坐標時是事件之外的觀察者，使用某個參考系，記錄事件所發生的時間；固有時則是旅行者自己攜帶的時鐘所記錄的時間。此外，固有時與弧長的不同之處是：普通空間的弧長一般比坐標數值更大，但固有時卻比坐標時還小，其原因從式（3-2-1）中顯而易見，正是因為度規中空間坐標平方和時間坐標平方間的符號差造成的。換言之，固有時用以描述時空中事件

之間流過的時間，這個時間被事件自身的時鐘所測量，測量結果不僅取決於兩個事件對應的時空點位置，也取決於時鐘參與其中的具體過程。或簡單地說，固有時是時鐘的世界線長度。

實際上，我們之前學過黎曼幾何，對固有時的概念不難理解，它就是對應於在黎曼幾何中經常強調的內蘊幾何不變量：弧長 s。時空中的「弧長」，就是固有時。對廣義相對論重要的內蘊性質，在狹義相對論中也很重要。

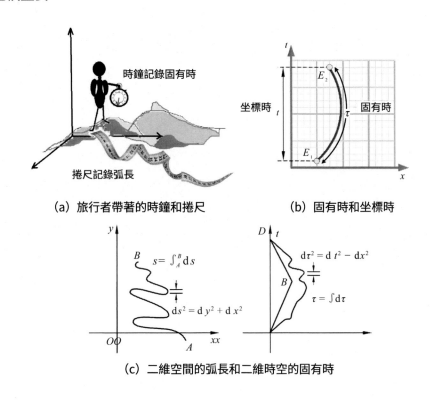

(a) 旅行者帶著的時鐘和捲尺　　(b) 固有時和坐標時

(c) 二維空間的弧長和二維時空的固有時

圖 3-3-1　固有時和坐標時的區別，以及與弧長的類比

如何計算一對雙胞胎在重逢時各自的真實年齡呢？結論是：計算和比較他們在 2 次相遇之間，每個人世界線的固有時。因為固有時 τ 是內

蘊不變的，這個計算可以在任何一個參考系中進行，且都將得到同樣的
結果。每個人的年齡是由他身體的新陳代謝機制決定的，他身體內有一
個生理時鐘。人體處於各種運動狀態（靜止或運動、加速或減速）時，
他的生理時鐘便會隨之變化，或減慢，或加快，這便可以作為每個人自
己帶著的「時鐘」。以下，我們先用地球參考系來考察劉天和劉地這一
對雙胞胎在 2 次相遇之間所經歷的固有時。劉地一直停留在地球上沒有
移動，他的世界線是地球參考系中時間軸上的一段，在這個參考系中，
他的固有時也就等於坐標時，等於 60 年。而劉天的世界線是圖 3-3-1（c）
右圖中的 *OBD* 折線。折線中每一段的長度是 20 年，2 段相加等於 40 年。
所以，兩個孿生子在 *D* 點見面的時候，劉天 40 歲，劉地 60 歲。

從以上的分析可以體會到，利用「固有時」來計算此類問題的方便
之處。我們並不需要仔細考慮每個事件的過程；不需要詳細分析劉天的
旅行過程中，哪一段是勻速、哪一段是加速或減速等煩瑣的細節，比如
圖 3-3-1（c）右圖中的另一條從 *O* 到 *D*、彎彎曲曲的曲線。如果那是劉
天的時空軌跡，只需在地球參考系中使用積分計算出這條世界線的長度
（即固有時），那便就是劉天的年齡了。

使用飛船 1 號的參考系，或是飛船 2 號的參考系，也都可以驗證以
上結果。3 種情形將得到同樣的結果：劉天 40 歲，劉地 60 歲，詳情見附
錄 F。

4

四維時空

在科學史上，恐怕沒有哪一個理論，像相對論這樣引發了這麼多的「謬誤、悖論」。除了孿生子悖論之外，還有滑坡謬誤、貝爾太空船悖論、轉盤悖論……等等，以及它們許許多多的變種。這些悖論的產生，根本原因是出於對同時性、時鐘變慢、長度收縮、相對性原理、不同參考系的觀察者、統一時空等概念的思考和質疑。時間和空間到底是什麼？相對論是否部分地回答了這個問題？儘管眾口難調、見仁見智，但相對論起碼為我們提供了一種科學的思路和方法，使我們能從物理、數學的理論上，較為詳細地詮釋這些概念，何況還有上百年大量實驗結果及天文觀測數據的驗證和支持呢！修正尚可，否定不易，起碼不是詆毀謾罵之輩能做到的。

像孿生子悖論一樣，儘管悖論本身往往涉及加速度參考系，但分析和理解這些悖論並不一定需要廣義相對論，許多相關的問題也並非一定要使用彎曲時空來解釋。況且，正如我們在介紹黎曼幾何時提到的，黎曼流形的每一個局部看起來都是一個歐氏空間。那麼，對廣義相對論研究的彎曲時空而言，它的每一個局部看起來便都是一個閔考斯基空間。閔考斯基四維時空的性質對廣義相對論至關重要，是理解彎曲時空、分

析黑洞等奇異現象的基礎。因此，我們有必要在介紹愛因斯坦的引力場方程式之前，先多了解一些閔氏時空。

閔考斯基時空是歐氏空間的推廣，仍然是平坦的。閔氏空間與歐氏空間的區別，在於度規張量的正定性。在黎曼流形上局部歐氏空間中定義的度規張量場 g_{ij}，是對稱正定的。如果將時間維加進去之後，度規張量便不能滿足「正定」的條件了。將非正定的度規張量場包括在內的話，黎曼流形的概念被擴展為「偽黎曼流形」。比較幸運的是，之前我們所介紹的列維——奇維塔聯絡及相關的平行移動、測地線、曲率張量等概念，都可以相應地推廣到偽黎曼流形的情形。

度規張量是一個 2 階張量，可以被理解為我們更為熟悉的「方形矩陣」。在矩陣中也有「對稱正定」的概念。所謂「對稱矩陣」，是指行和列對換後仍然是原來矩陣的那種矩陣。度規張量的對稱性，是由它的定義決定的：

$$ds^2 = g_{ij}dx^i dx^j$$

實際上，任何矩陣都可以分解成一個對稱矩陣和一個反對稱矩陣之和。根據以上度規的定義可知，g_{ij} 的反對稱部分對 ds^2 的貢獻為 0，所以度規張量可以被認為是一個對稱矩陣。

矩陣為「正定」的意思，可以理解為這個矩陣的所有特徵值都是「正」的。歐氏空間度規的正定性，意味著實際空間中的距離（即弧長）的平方，是一個正實數 $ds^2 = dx^2 + dy^2 + dz^2$。因而，歐氏空間的度規是一個對稱正定的 δ 函數。

閔考斯基時空的度規仍然是對稱的，但卻不是正定的：$d\tau^2 = dt^2 - dx^2 - dy^2 - dz^2$，其度規記為函數。上式中的 t 是時間，x、y、z 是三個空間維坐標，而 $d\tau$ 取代了弧長 ds，被稱為「固有時」。

細心的讀者可能會問：時間間隔和空間距離的量綱是不一樣的，怎

麼把它們的平方加減到一塊去了呢？這裡也是使用了一個約定俗成的原則：將光速定義為 1。也就是說，四維時空的度規本來應該表示成如下形式：$c^2 d\tau^2 = c^2 dt^2 - dx^2 - dy^2 - dz^2$，$c = 1$ 的原則使公式看起來簡單明瞭，但我們務必隨時記住這點。

比較歐氏空間和閔氏空間，將它們的度規 δ 函數和 η 函數寫成矩陣形式：

$$\delta = \begin{vmatrix} 1 & 0 & 0 \\ 0 & 1 & 0 \\ 0 & 0 & 1 \end{vmatrix} \tag{3-4-1}$$

$$\eta = \begin{vmatrix} 1 & 0 & 0 & 0 \\ 0 & -1 & 0 & 0 \\ 0 & 0 & -1 & 0 \\ 0 & 0 & 0 & -1 \end{vmatrix} \tag{3-4-2}$$

公式（3-4-2）中，第 1 維的固有值 1 對應於時間，其他固有值為 -1 的三個維度對應於三維空間。

時間和空間統一在四維時空中，是為了數學上的方便。愛因斯坦的狹義相對論揭示了時間、空間的相對性及它們之間透過勞侖茲變換的互相關聯。然而，時間和空間畢竟是不同的物理概念，時間用時鐘來度量，空間用捲尺來度量，將它們在四維時空中分別對應於本質不同的實數和虛數，這也反映了「時鐘」和「捲尺」不能互變的物理事實。

圖 3-4-1（a）的四維時空圖實際上只畫了三維，包括 1 個豎直方向的時間維和兩個水平空間維。但我們可以加上另一個空間維而想像成「四維時空」。時間軸往上的方向表示未來，向下便代表過去。圖中的圓錐被稱為光錐。以時空中的一點為錐頂的光錐將這個點附近的時空分成類

時、類光、類空三個部分。

四維時空中的一個點，有時間和地點，按照通常的意義，把它叫做一個「事件」。例如，圖 3-4-1 (b) 中的 A 點，表示粒子初始時刻 t_1 的空間坐標為 $(x_1，y_1)$ 這個「事件」。後來，在時刻 t_2，粒子運動到了空間位置 $(x_2，y_2)$，即粒子最後在時空中的位置，這個「事件」用點 B $(t_2，x_2，y_2)$ 來表示。圖中從 A 到 B 的曲線，叫做粒子的「世界線」。

世界線，被用以描述一個點粒子在時空中的運動軌跡。如果考慮的對象不是一個點，比如，是一條線蟲，那麼牠在時空中的軌跡就成為了「事件面」，而要描述像阿扁那樣的二維生物隨時間長大的過程，就是個「世界體」了，見圖 3-4-1 (b)。

在上一節中解讀孿生子悖論時，更是將四維時空用二維時空表示，本書後面大多數情況都將如此簡化。孿生子的 2 次相遇，是二維時空中的兩個事件點。然後，便可分別計算 2 條世界線的「固有時」，再加以比較，從而得到悖論的答案。二維閔氏時空中兩個任意事件之間直線路徑的距離可表示為

$$\tau^2 = t^2 - x^2$$

這個表達式右邊的數值為正、零、負，分別定義兩個事件之間的相對關係：是類時、類光還是類空。如果 2 事件的關係是類時的，τ 代表的才是固有時。類時關係說明兩個事件之間可以有因果關聯。比如孿生子中的「劉天出生」（事件 O），和「劉天返回地球」（事件 D）這兩個事件，一定是 O 在前，D 在後，劉天不可能先返回地球再出生，無論從哪個參考系觀察，這個結論都不會改變，這是「類時」的特點和物理意義。如果兩個事件的關係是「類光」，即 $\tau^2 = 0$，說明它們互相位於另一個的光錐上，只有速度最快的光，才能將它們連結起來。那麼，類空 $(\tau^2 < 0)$ 又是什麼意思呢？在類空的情形下，兩個事件之間的間隔無法

叫「固有時」了，因為它的本質已經不是時間，更像是空間。它可以被另一個物理量，即「固有距離」s 來表徵：$s^2 = x^2 - t^2$。「類空」說明兩個事件之間不可能具有因果關係，除非存在超光速的訊號，才能將它們互相連結起來，但這是違反狹義相對論的基本假設的。所以，兩個類空事件點之間不可能有真實粒子的「世界線」，真實粒子世界線的位置一定在光錐以內，是類時的。類空的兩個事件互相位於對方的光錐之外。

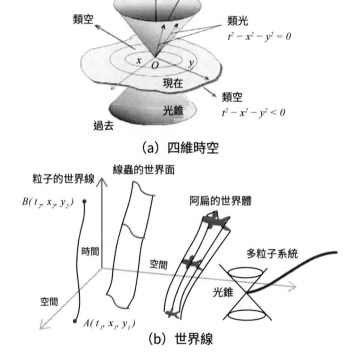

(a) 四維時空

(b) 世界線

圖 3-4-1　四維時空和世界線

如圖 3-4-2（a）所示，很容易看出事件之間的關係：相對於事件 O 而言，事件 B、G、F 是類時的；事件 E 是類光的；事件 A、C、D 是類

空的。圖 3-4-2（b）中的事件 1 和事件 2 互為類空，類空事件的時間順序可以用坐標變換來改變。比如，從圖 3-4-2（b）中可見，事件 1 和事件 2 在鮑勃的坐標系（黑色）和愛麗絲的坐標系（紅色）中，發生的時間順序不一樣。在黑色（假設為靜止）坐標系中的鮑勃看來，發生在 $t = 0$ 的事件 1 先於發生在 $t = 1$ 的事件 2。紅色坐標系相對於黑色作勻速直線運動，在其中的觀測者愛麗絲看來，事件 1 仍然發生在 $t' = 0$ 處，但事件 2 卻是發生在 $t' = \text{-}1$ 的地方，發生時間早於事件 1 發生的時間。因而，這兩個類空相關的事件不可能有因果關係。

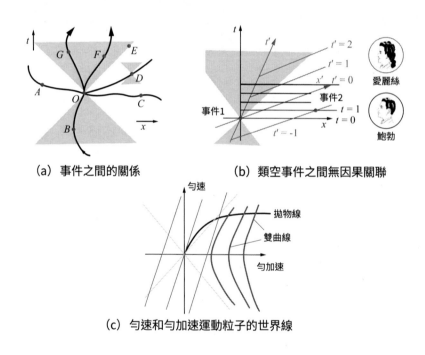

（a）事件之間的關係

（b）類空事件之間無因果關聯

（c）勻速和勻加速運動粒子的世界線

圖 3-4-2　二維閔考斯基時空中事件之間的關係

現在，我們再來看看，作勻速直線運動的粒子和作勻加速直線運動粒子的世界線，在二維時空中看起來是什麼樣子？圖 3-4-2（c）畫出了

它們的曲線形狀。

對於作勻速直線運動粒子的情況，我們早就打過交道，因為勞侖茲變換將靜止的坐標系變換成相對運動的坐標系。比如，圖 3-4-2（b）中紅色坐標系的時間 t' 軸，實際上就是（$t = 0$，$x = 0$）的粒子，朝著 x 方向作勻速運動 v 的世界線。圖 3-4-2（c）中的 3 條紅線，則分別表示 $t = 0$ 時，位於 x 上不同位置的三個粒子的世界線。也就是說，勻速直線運動粒子的世界線，和牛頓力學中，將粒子的軌跡表示成時間的函數是一致的，是一條直線。

下面考慮運動粒子作勻加速直線運動的情況，根據牛頓力學中 x 方向的勻加速運動公式：$x = (1/2)\,at^2$，應該是一條拋物線，但拋物線很快就跑到光錐的外面，說明速度增加到超過了光速，這顯然不滿足狹義相對論光速極限的假設，見圖 3-4-2（c）。用相對論可以證明，二維閔氏時空中勻加速運動粒子的世界線，並不是拋物線，而是無限靠近光錐的雙曲線。「無限靠近光錐」，說明粒子的運動速度越來越大，無限地接近光速，但永遠不等於光速。圖 3-4-2（c）中的 3 條藍色曲線，便分別對應於三個不同粒子的世界線。但是，讀者對此可能又有疑問：不是說是勻加速運動嗎？勻加速運動的加速度應該為常數，如果速度永遠不能超過光速的話，這「勻加速」又展現在哪裡呢？這點解釋起來有點複雜，不過大家需要明白的是，相對論的關鍵思想是：觀察同一個物理量，不同的參考系將得到不同的數值。這裡的「加速度不變」，是對作勻加速運動的參考系中，觀測者自己而言，是他們自己感覺到的加速度，所謂的「固有加速度」不變。當我們坐在加速運動的汽車上時，會感到反方向的慣性力，加速度越大，慣性力也越大，人也越會有不舒服的感覺。那條雙曲線表示「勻加速」的意思就是：沿著這條世界線運動的人，將始終保持同樣程度的不舒服感。

5

勻加速參考系上的愛麗絲

閔考斯基空間中的勻加速運動坐標系叫「潤德勒（Rindler）坐標」。潤德勒坐標有許多有趣的性質，它是使用平坦的閔氏空間來分析黑洞附近物理的一個強而有力的工具。在潤德勒空間中，存在類似黑洞附近的「視界」之類的概念，甚至還有與「霍金輻射」相類似的「安魯效應」等量子物理相關的現象。先弄明白潤德勒空間，對理解真正的黑洞物理有很大的幫助。

再拿愛麗絲、鮑勃和查理來說。假設鮑勃和愛麗絲從出生開始，就分別坐上相對於地球靜止參考系作勻速運動和勻加速運動的宇宙飛船 B 和 A，而查理則一直留在地面。我們感興趣的是，這三個人分別體驗到的時空世界是怎麼樣的？假設查理所在的地面附近是一個平坦時空，圖 3-5-1（a）是查理在他的閔氏二維時空中畫出鮑勃和愛麗絲的世界線。在查理的圖中，是將整個飛船視為一個點。那麼，從他們兩人的世界線能看出些什麼呢？

從上面 2 節的分析可知，查理在他自己的坐標系中靜止不動，世界線是垂直向上的直線；鮑勃的飛船作勻速運動，世界線是一條指向斜上方的直線；愛麗絲的飛船作勻加速運動，世界線是一條雙曲線。不妨假

設鮑勃和愛麗絲的壽命都很長,至少相對於我們這邊考慮範圍內的二維時空而言是如此。那麼,首先我們可以觀察到,勻速運動和勻加速運動觀測者有如下差別:作勻速運動的鮑勃,在他的整個生命過程中,可以看到整個二維時空的事件;但對作勻加速運動的觀測者愛麗絲來說,卻不是這樣。「事件」是二維圖中的一個點(某時某處),某觀測者「可以看到事件」的意思是說,從這個事件發出的光,即在二維時空圖上,從事件點向上方畫的 2 條45°斜線之一,將與該觀測者的世界線相交。勻速運動的直線可以和圖 3-5-1 (a) 中任何位置點發出的光線相交,說明鮑勃可以看到整個二維時空。如果觀察一下愛麗絲的雙曲線世界線,情況就不一樣了。愛麗絲所能看到的時空事件很有限。比如,圖 3-5-1 (b) 中所示的事件 S_1、S_2,發出的光線(向上的綠色小箭頭)到達不了愛麗絲所在的雙曲線,即不會與雙曲線相交。而愛麗絲發出的光訊號,又到不了 S_2、S_3 處。所以,愛麗絲能夠傳遞訊息的空間只有圖中右邊雙曲線所在的未塗陰影部分。也就是說,對作勻加速運動的愛麗絲而言,存在一個「事件地平線」(event horizon),相對論的術語稱為「事件視界」。圖中愛麗絲的視界就是那條從左下角到右上方的45°直線,她不能看到這條直線左邊(視界之外)的時空中發生的任何事件。

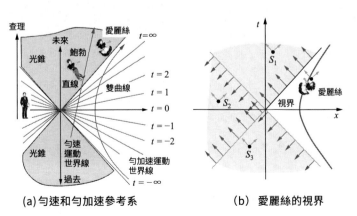

(a) 勻速和勻加速參考系　　　　　(b) 愛麗絲的視界

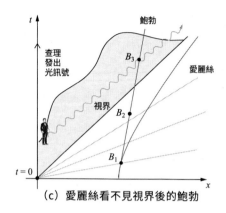

（c）愛麗絲看不見視界後的鮑勃

圖 3-5-1　勻速運動參考系和勻加速運動參考系

　　圖 3-5-1（c）只畫了二維時空圖的第一象限。我們仍然假設這是一個相對於地面靜止的參考系中觀測到的平坦時空。現在，我們將圖 3-5-1（a）中所描述的情形做一下改變。設想在時間 $t = 0$ 之前，A、B、C 三人都在地面上，$t = 0$ 的那一刻，鮑勃和愛麗絲坐上了勻加速運動的宇宙飛船，查理仍然留在地面。因此，在開始一段時間之內，愛麗絲和鮑勃及宇宙飛船的世界線都是圖中所畫的那條雙曲線。在 $t = 0$ 之後，飛船發出的光訊號能與地面上查理的世界線相交，說明查理可以「看」見愛麗絲和鮑勃。然而，對作勻加速運動的飛船來說，不能收到查理在 $t > 0$ 之後發出的任何訊號，因此飛船中的愛麗絲和鮑勃看見的查理，只是 $t = 0$ 那一刻的形象，查理後來的變化已經消失在飛船的「視界」之外了。

　　不過，假設在圖中 B_1 所表示的那個時空點，鮑勃不小心從飛船上掉到了茫茫無際的宇宙空間中。之後，鮑勃繼續飛船 B_1 時刻的即時速度 v，在空中作勻速運動。因而，鮑勃脫離了飛船的世界線，他的世界線變為一條在 B1 點與雙曲線相切的直線（圖 3-5-1（c））。那麼問題來了：從 B_1 之後，愛麗絲還能看見鮑勃嗎？鮑勃和查理之間又如何呢？

　　從圖 3-5-1（c）中可見，鮑勃的世界線從 B_1，經過 B_2，將穿過剛才

提到的「愛麗絲視界」，後來到達陰影部分中的 B_3。還沒有穿過視界之前，鮑勃發出的光訊號可以被愛麗絲接收到。只不過，從鮑勃發出訊號到愛麗絲接收訊號的時間，變得越來越長、越來越長……當鮑勃接近「視界」的時候，傳輸的時間趨於無窮大。也就是說，實際上，愛麗絲看見的鮑勃，已經凝固在鮑勃的世界線與視界相交的那一點了。或者說，鮑勃已經走出愛麗絲的視界了！

除了光訊號的傳輸時間變得越來越長之外，愛麗絲還能觀察到鮑勃發出的訊號，因都卜勒效應而產生紅移。訊號的紅移也越來越大，頻率越來越低，直到愛麗絲最後無法接收到為止。

在鮑勃掉進宇宙空間、作匀速運動之後，鮑勃和查理之間的光通訊倒是沒有什麼問題了，只是訊號到達對方時，會延遲一段時間而已，這是正常情況就會有的現象。他們兩人都感覺不到愛麗絲體驗的那條「視界」的存在。對他們兩人而言，周圍的二維時空均匀而各向同性，處處都是一樣的。

由此可見，本來是一個平坦的閔考斯基時空，作匀加速運動的愛麗絲卻觀察到一些不一般的現象。在愛麗絲的世界中，存在一個「視界」。視界之外的事件，將在愛麗絲的眼中消失，這些怪異之事，有點類似愛麗絲曾經聽過的 —— 愛因斯坦廣義相對論所預言的彎曲空間中的「黑洞」。按照經典廣義相對論對黑洞的描述，黑洞周圍也有一個視界：據說，該視界之內是一片漆黑，連光也無法逃離，所以誰也看不見它。愛麗絲就想，就像我現在看不見視界外的查理和鮑勃一樣。對愛麗絲而言，她的兩個朋友好像都「掉進了黑洞」。

愛麗絲還知道有一個名字叫霍金的傳奇人物，是坐在輪椅上、專門研究黑洞的人士。他研究黑洞最有名的成果叫「霍金輻射」。說的是：其實黑洞並不是絕對的黑，它也有一定的溫度，因而會有熱輻射現象。

就像我們坐在火爐旁，感到溫暖一樣，靠近黑洞時，也會感到「溫暖」的輻射。

愛麗絲對她所在的飛船世界很好奇，既然這裡也如同黑洞附近一樣，存在一個「視界」，那麼在視界附近，是否也像黑洞附近那樣，會有一個更為溫暖的背景呢？不過，愛麗絲想，這種效應肯定非常小，靠人體的感覺是很難試驗出來的。愛麗絲記起他們三個人都隨身帶了一個非常靈敏的粒子探測器。因此，聰明的愛麗絲開始注意她的探測器讀數。開始時，探測器似乎沒有什麼動靜，但隨著時間流逝，宇宙飛船越來越接近視界時，探測器叮噹叮噹地響了起來，而且，越接近視界，探測器響的次數就越多，這說明它接收到了視界附近的輻射。

而鮑勃和查理身上的探測器，始終沒有任何動靜 —— 這也是能夠理解的，因為他們所在的慣性參考系中，觀測到的是閔考斯基空間的量子基態，即絕對溫度為零的真空態。但是，閔考斯基空間的真空態，與加速參考系中的觀察者能看到的真空態，是不一樣的。加速參考系的真空態能量，低於閔考斯基空間的真空態能量。

所以，閔考斯基空間的真空態，對加速參考系中的愛麗絲來說，不是真空態，而是一個有一定溫度、比真空態能量還高的某個熱力學平衡態。因此，愛麗絲才會發現在「視界」附近時，她處在一個溫暖的、熱輻射的背景中。這種加速運動的觀察者，可以觀測到慣性參考系中，觀察者無法看到的黑體輻射效應，叫「安魯效應」（圖 3-5-2），是 1976 年由當時在英屬哥倫比亞大學的威廉 · G · 安魯（William G. Unruh）提出的。

圖 3-5-2　安魯效應

6
太空船悖論

　　如上節所述，愛麗絲和她的宇宙飛船這種作勻加速運動的物體，在二維時空中的世界線，是一條兩端無限趨近原點光錐線的雙曲線，光錐線便是參考系中觀察者的「視界」。

　　在此強調一下，四維時空中的類空、類時、類光，指的是兩個事件之間的相對關係。因而，只有類空向量、類時向量、類光向量，沒有什麼絕對的「類空區域」；但可以說：「某個事件是在另一個事件的『類空區域』中」。對勻加速運動世界線而言，+ 45°漸進光錐線左邊的事件（圖 3-5-1（b）中紅色箭頭所指方向），不能被愛麗絲看到，-45°漸進光錐線左邊的事件（圖 3-5-1（b）中藍色箭頭所指方向），不能看到愛麗絲。這是造成勻加速運動參考系存在「視界」的原因。

　　無論愛麗絲位在哪裡，只要她是作勻加速運動，就對應於一條雙曲線的世界線，對雙曲線的世界線而言，她與時空中的另一部分是不可能通訊的。

　　在二維時空圖中，如果愛麗絲的勻加速度是 a 的話，可以證明，這條雙曲線與 x 軸的交點位於 $x = 1/a^2$ 的位置。為不失一般性，可假設 a

$= 1$，那麼雙曲線與 x 軸的交點，就位於 $x = 1$ 的位置。

現在，我們進一步考慮加速度為 2、1/2、1/3、1/4、……情況的參考系。也就是說，除了愛麗絲所乘坐的宇宙飛船之外，地球上的科學家們還發射了好多個加速度不相同的宇宙飛船，形成了一個宇宙飛船群。群中的每個飛船在二維閔氏時空中，都能畫出一條雙曲線。這些雙曲線都以同一條原點光錐線為漸近線，加上從原點出發的輻射狀等時線，在二維時空中形成一組特別的坐標系，叫「潤德勒坐標系」（Rindler Coordinates），見圖 3-6-1。閔考斯基時空是平坦的，平坦時空中可以有曲線坐標，正如在二維的平面上有直角坐標系，也有極坐標系一樣。潤德勒坐標系便是平坦閔氏空間中的曲線坐標，因為它是由勻加速觀測者的世界線構成的，所以也叫加速度坐標系。

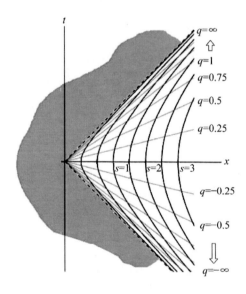

圖 3-6-1　潤德勒坐標

在勻加速坐標系中，習慣將原點選在雙曲線的兩條漸近線的交點。

坐標系中所有的雙曲線都以這兩條光錐線為漸近線，越接近光錐的雙曲線，具有更大的固有加速度。實際上光錐本身也屬於這一族雙曲線之一，它對應於固有加速度為無窮大的那一條機械曲線。

潤德勒加速度坐標系不僅可以用來模擬和理解「黑洞」，也被人用來解釋「貝爾太空船悖論」（Bell's spaceship paradox）。之前討論過的孿生子悖論，人們質疑的是時鐘變慢的效應，而太空船悖論質疑的則是空間的「尺縮效應」。

如圖 3-6-2（a）有 2 艘用繩索連在一起的宇宙飛船。地面上的操作者，讓它們以相同的加速度，同時從靜止開始運動。那麼，在以地面為靜止參考系中的觀察者看來，2 艘飛船的速度，在任何時刻都是一樣的，因而 2 艘飛船間的空間距離保持不變，所以繩索不會斷。另一種觀點則認為，由於飛船和繩索都以高速運動，它們會有「尺縮效應」（圖 3-6-2（b））。空間的距離不變，但繩索的長度卻縮短了，繩索應該斷裂才對。到底「斷」還是「不斷」呢？我們不想在此多加討論，有興趣的讀者可參考維基百科中的「貝爾太空船悖論」。

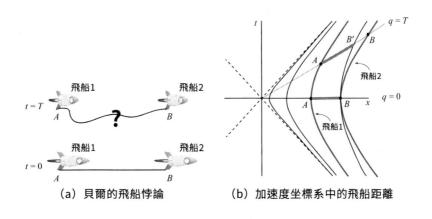

（a）貝爾的飛船悖論　　　（b）加速度坐標系中的飛船距離

圖 3-6-2　貝爾的太空船悖論

7

質能關係 $E = mc^2$

理論物理學家馬克斯・玻恩（Max Born，1882 ～ 1970）在回憶愛因斯坦時說道：「他之所以如此與眾不同，不是因為他的數學能力，而是因為他具有一種不可思議的洞悉自然奧祕的本領。」

愛因斯坦的物理嗅覺異常靈敏，他能從大家熟視無睹的現象中發現異常。他建立的兩個相對論的思維來源，其實可以追溯到他 16 歲時突然產生的一個靈感。當時的愛因斯坦知道光是「以很快速度前進的電磁波」，於是他想：如果他騎在一束光上，能看到什麼呢？看到的情況是否與靜止時有所不同呢？

儘管我們不知道當時愛因斯坦所得「靈感」的具體細節，但不妨猜想一下。也許他會進一步想，如果這束光就是從一個時鐘上反射過來的，情況又會怎麼樣呢？本來，我們能看見時鐘指示的數目，也正是因為這個反射光傳播到我們的眼睛裡，而現在，我騎著這束光，和它一起前進的話，時鐘指示的數目對我來說，不是就應該不會變化了嗎？這就是與在靜止坐標系中看到的不同景象了，靜止坐標系中的時鐘，顯然是在不停滴答作響往前走的。

　　不難看出，上面的想法中，已經有了「同時」的相對性影子。正是這種兒時特有的好奇心和物理直覺，使愛因斯坦不同於勞侖茲、龐加萊等人。後兩人擅長數學運算，把很多東西視為數學技巧，玩轉起來遊刃有餘，但卻聞不出其中的物理滋味。只有愛因斯坦，在深入研究了這個一般人不會去深究的「同時性」概念後，確定了「光速不變」和「相對性」這兩個簡單原理的基礎，而建立了狹義相對論。

　　下一章中將要介紹的廣義相對論，也是基於兩個簡單的原理。一是「廣義相對性」原理，不過是原來相對性原理的推廣而已。另外一個「等效原理」的靈感，與愛因斯坦 16 歲時的想法也有些類似，不過，有趣的是，這次靈感的思維不是「騎著光走」，而是想像自己與自由落體一起下落。對此，我們將在下一章中詳細討論。

　　狹義相對論不僅僅透過四維時空，將時間和空間這兩個概念統一在一起，且很多物理量在四維時空中，也被統一了。比如說，能量和動量成為一個四維動量，馬克士威方程式可以用四維向量勢寫成一個四維協變的形式。

　　愛因斯坦善於「從一團亂麻中，尋找出最重要、最核心的東西」，他天才地在狹義相對論中導出描述能量、質量關係的質能公式：$E = mc^2$（具體推導過程請見附錄 E）。據說這個公式已經深入人心，是人類歷史上最有名的公式之一，已成為人類文化的一部分。我們有時會在一些與物理完全無關的場合看到這個公式，可能是對上述說法的一個佐證。

　　在牛頓理論中，質量和能量是兩個完全不同的概念。靜止物體有質量、沒有能量；物體運動時，能量增加、質量不會增加。經典物理中的物質守恆和能量守恆，是兩個互相獨立的定律。這也就是為什麼將質量稱為「靜止質量」的原因。

　　狹義相對論中，三維空間被四維時空所代替，質能關係表明了靜止

質量 m 和其內能的關係。它表明物體相對於一個參照系靜止時仍然有能量 mc^2。反之，在真空中傳播的一束光，其靜止質量是 0，但由於它們有運動能量，因此它們也有所謂因運動而具有的「相對論質量」。不過，基於歷史的原因，在大多數情況下，人們仍然只用 m 表示靜止質量，不常使用「相對論質量」這個術語。

這個等式所描述的不是質量和能量的互相轉化，而是表明了質量、能量是同一個東西，物體的質量實際上就是它自身能量的量度。

四、引力和彎曲時空

1
等效原理

　　上帝經常和人類開玩笑。他早早派來一個牛頓，點亮了科學殿堂角落裡的一個小火把，卻讓無數多個大門緊鎖的房屋仍然隱藏於深邃的黑暗之中。牛頓之後將近 200 年，人類在其火把的照耀下，忙碌了一陣子，看清楚周圍不少景觀；將牛頓的物理及數學方面的理論發揚光大，同時也發展了多項技術、掀起工業革命；正興致勃勃地試圖初建文明社會。然而，上帝總想在人類科學殿堂上玩點什麼花招。於是，來了個數學家黎曼，他造出一把精妙絕倫的鑰匙，將它交給人類後，年紀輕輕便駕鶴西歸。可是，誰也不知道這個精美的鑰匙有何用途？它能開啟殿堂中的哪扇大門呢？時光荏苒，又過了半個世紀……。

　　愛因斯坦來到了這個世界，他最感興趣的事就是探索上帝的思想和意圖，想了解上帝到底在開什麼玩笑、玩什麼花招？儘管愛因斯坦小時候不像是個神童，但也並非「大器晚成」，他 26 歲就以研究光電效應和建立狹義相對論而一鳴驚人。

　　狹義相對論是基於愛因斯坦認為最重要、最具普適性的兩個基本原理 —— 相對性原理和光速不變原理 —— 建立的。它用勞侖茲變換，將

馬克士威的電磁理論天衣無縫地編織進新的時空理論中。

建立狹義相對論後不久，愛因斯坦便意識到這個理論並未真正展現相對性原理，因為它仍然賦予慣性坐標系特殊的地位。況且，在真實的物理世界中，慣性坐標系並不存在，因為萬有引力無所不在，從而導致加速度無所不在。於是，愛因斯坦做了一些嘗試，試圖把狹義相對論推廣到非慣性坐標系。但結果不盡如人意，「引力」這個傢伙不是那麼好對付，無法將它簡單地塞進狹義相對論的框架中。

愛因斯坦畢竟是愛因斯坦，絕不會輕易放棄！況且，他成天坐在專利局的辦公室裡，駕輕就熟地處理那些無聊的專利事務後，有的是空閒時間。他的思緒便天馬行空般地四處翱翔，飛向他的四維時空，然後在那裡似乎找不到答案，便又飛向浩瀚無際的宇宙，飛向無處不在的引力場！

他不時回憶起小時候想要騎在光束上旅行的奇妙想法，那給了他思考「同時性」的靈感。而現在呢？當他被引力所困惑之時，什麼才能啟發他的靈感呢？也去騎到引力上嗎？如何才能騎上去呢？終於有一天，愛因斯坦腦海中突然閃過一個念頭：對了，如果我隨著引力的作用自由地掉下去、掉下去……那麼，我將感覺不到重力的作用了 —— 那時候我就可以等效於在一個慣性坐標系中！

之後，愛因斯坦回憶這段「悟出」等效原理的思考過程時說，那是他一生中最快樂的一個念頭！

根據狹義相對論，時間和空間不再是獨立、絕對的，閔考斯基的四維時空將它們連繫在一起。在這個理論框架裡，所有相對作勻速運動的慣性參考系都是平權的，物理定律在任何慣性參考系中都具有相同的形式。這點似乎完美地滿足了愛因斯坦的相對性觀念。但是，仔細想想，問題又來了：除了慣性參考系之外，還有非慣性參考系呢！比如在一個

加速參考系中的物理規律，是否也應該與慣性參考系中的物理規律形式一致呢？

上帝不應該只偏愛那些被挑選出來稱之為「慣性參考系」的系統吧！況且，哪些參考系有優先權作為「慣性參考系」呢？既然對慣性參考系而言，速度只有相對的意義，難道還有理由把加速度當作絕對概念嗎？愛因斯坦建立了狹義相對論之後，立即意識到這些問題。這種「狹義」的相對性原理，似乎仍然沒有真正擺脫「絕對參考系」的困惑，只不過是用多個「絕對」替代了原來的一個而已。因此，這個「狹義」的概念必須推廣。此外，愛因斯坦也經常思考「引力」的問題：如何才能將萬有引力也含括進相對論的框架中呢？

最簡單的非慣性參考系是相對慣性系統作直線與加速運動的參考系。從最基本的原理、最簡單的情形出發來思考問題，一直是愛因斯坦的特點。

科學研究最重要的原動力是什麼？不是對功成名就的嚮往，不是對物質利益的追求，也不是出於對大師、前輩的膜拜或想要出人頭地的願望。就愛因斯坦而言，最重要的是他對大自然始終保持著的那顆如孩童般純真的好奇心。不可否認，光電效應的理論探索帶給他榮譽，狹義相對論和廣義相對論的建立帶給他滿足；但只有這種始終如一的好奇心，才能支持他在後半生 40 年如一日地持續鑽研、統一理論，且終究未成正果也無怨無悔。也許，這才是愛因斯坦「天才」的奧祕所在。

回到非慣性參考系和引力。凡是有一點點物理知識的人，都知道義大利的比薩斜塔，因為伽利略就是在那裡做「自由落體」實驗。伽利略的實驗證明，地表引力場中一切自由落體，都具有同樣的加速度。也就是說，不管你往下丟的是鐵球還是木球，都將同時到達地面。後來又有一種看法，說伽利略本人並未做過此斜塔實驗。但這點並不重要，斜塔

實驗所證明的物理規律是公認的。後人進行多次類似的實驗，還不僅僅在地球上。1971 年，阿波羅 15 號的太空人大衛‧史考特（David Randolph Scott），在月球表面上，將一把錘子和一根羽毛同時扔出，兩樣東西同時落「月」之後，他興奮地對地球上的數萬電視觀眾喊道：「你們知道嗎？伽利略先生是正確的！」

無論如何，1907 年的某天，愛因斯坦靈光乍現，意識到這條定律的重要性，因為它可以先被表述為「慣性質量等於引力質量」，繼而又進一步地推論到加速度與引力間的等效原理。對此原理，愛因斯坦曾經如是說：

「我為它的存在感到極為驚奇，且猜想其中必有可以更深入了解慣性和引力的關鍵。」

何為慣性質量，何為引力質量呢？簡而言之，牛頓第 2 定律 $F = ma$ 中的 m 是慣性質量，它表徵物體的慣性，即抵抗速度變化的能力；而引力質量則是決定作用在物體上引力（如重力）大小的一個參數。在伽利略的自由落體實驗中，與引力質量成正比的地球引力，克服慣性質量而引起了物體的加速度。這個加速度應該正比於兩個質量的比值。正如實驗所證實的，下落加速度對所有物體都一樣，那麼兩個質量的比值也對所有物體都一樣。既然對所有物體都相同，兩者的比例係數便可選為 1，說明這兩個質量實際上是同一個東西。這個看起來平淡無奇的結論，卻激發了愛因斯坦的靈感，他認為其中也許深藏著慣性和引力之間的奧祕。

愛因斯坦設計了一個實驗來探索這個奧祕。以下的說法不見得完全等同於他原來的描述，但實驗的基本思想是同樣的。如圖 4-1-1 所示，設想在沒有重力的宇宙空間中，一個飛船以勻加速度 $g = 9.8\text{m/s}^2$ 上升。也就是說，飛船的上升加速度與地面上的重力加速度相等。關在飛船中看

不到外面的觀察者，將會感到一個向下的力。這種效應和我們坐汽車時經歷到的一樣：如果汽車向前加速的話，車上乘客會感覺一個相反方向（向後）的作用力，反之亦然。因此，圖 4-1-1（a）和圖 4-1-1（b）中的人，無法區分他是在「以勻加速度上升的飛船」裡，還是在「地面的引力場」中。換言之，加速度和引力場是等效的。

（a）加速上升的宇宙飛船　　　　（b）地面上向下的引力場

圖 4-1-1　等效原理

　　再進一步考慮，如果有光線從外面水平射進宇宙飛船時的情形，如圖 4-1-1（a）所示。因為飛船加速向上運動，原來水平方向的光線在到達飛船另一側時，應該射在更低一些的位置。因此，飛船中的觀察者看到的光線，是一條向下彎曲的拋物線。既然圖 4-1-1（b）所示的引力場，是與圖 4-1-1（a）所示的等效，那麼當光線通過引力場時，也應該和飛船中的光線一樣，呈向下彎曲的拋物線形狀。也就是說，光線將因引力的作用而彎曲。

　　光線在引力場中彎曲的現象也可以從另一個角度來理解。可以認為不是光線彎曲了，而是引力場使它周圍的空間彎曲了。或者更為準確地表達，沿用廣義相對論的術語，是叫「時空彎曲」了。光線仍然是按照

最短的路徑傳播，只不過在彎曲的時空裡，最短路徑已經不是原來的直線而已。

　　從引力與加速度等效這點，還可以推論出另一個驚人的結論：引力可以透過選擇一個適當的加速參考系來消除。比如，一臺突然斷了纜繩的電梯，立即成為一個自由落體，將會以 9.8m/s^2 的重力加速度下降。在這個電梯裡的人，會產生極不舒服的「失重感」。不僅自己有失重的感覺，也會看到別的物體沒有了重量的現象。也就是說，電梯下落的加速度抵消了地球的引力，這其實是我們在遊樂場中經常會體會到的經歷。愛因斯坦卻從中看出暗藏的引力奧祕：引力與其他的力（比如電力）大不相同。因為我們不可能用諸如加速度這樣的東西來抵消電力！但為什麼可以消除引力呢？也許引力根本就可以不被當成一種力，就像前段所想像的那樣，可以把它視為彎曲時空本來就有的某種性質。這種將引力視為時空某種性質的奇思妙想，將愛因斯坦引向了廣義相對論。

　　開始的時候，愛因斯坦仍試圖照上面的思路，將引力含括到狹義相對論的範疇中。不過，他很快就意識到碰到了大障礙：一個均勻的引力場的確可以等效於一個勻加速度參考系。但是，我們的宇宙並不存在真正均勻的引力場。根據萬有引力定律，引力與離引力源的距離成平方反比定律。也就是說，地球施加在我們頭頂的力，比施加在雙腳的力要小一些。而且，引力總是指向引力源的中心，即作用在我們身體右側和左側的引力方向並不是完全平行的。我們在地球表面感到「重力處處一樣」的現象，只是一個近似，是因為個人的身體尺寸相比地球來說，實在是太小了，我們根本感覺不到重力在身體不同部位產生的微小差異。然而，愛因斯坦需要建立宇宙中引力的物理數學模型，就必須考慮這點了。在大範圍內，這種差異能產生明顯的可見效應。比如，我們所熟知的地球表面海洋潮汐現象，就是因為月亮對地球的引力不是一個均勻引

力場而導致的，見圖 4-1-2（a）。

「潮汐力」這個詞源於地球上海洋的潮起潮落，但後來在廣義相對論中，人們將因引力不均勻而造成的現象統稱為潮汐力。

儘管「愛因斯坦電梯」的思維實驗，描述了如何用一個勻加速參考系來抵消一個均勻的引力場，但實際上的引力場卻是非均勻的，不可能使用任何參考系的變換來消除。圖 4-1-2（b）顯示出地球的引力場，在四個方向需要四個不同的勻加速參考系來局部等效地近似描述。

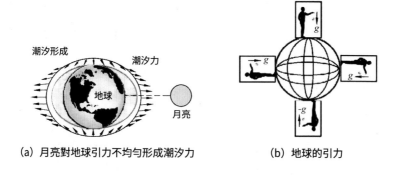

(a) 月亮對地球引力不均勻形成潮汐力　　　　(b) 地球的引力

圖 4-1-2　潮汐力、地球的引力

這個問題困惑了愛因斯坦好幾年，直到後來得到他的大學同窗——數學家格羅斯曼的幫助為止。根據格羅斯曼的介紹，愛因斯坦才驚奇地發現，原來早在半個世紀之前，黎曼等人就已經創造出他正好需要的數學工具。黎曼幾何這把精美的鑰匙，就像是為愛因斯坦的理論訂做的，有了它，愛因斯坦才順利地開啟了廣義相對論的大門。

2
圓盤悖論和場方程式

　　1912 年左右，愛因斯坦有了等效原理；有了時空彎曲的想法；有了黎曼幾何；有了張量微積分。萬事皆備，於是他開始著手構造他的新引力場方程式。

　　和牛頓的引力定律有所不同，愛因斯坦想要建立的是「場」方程式。所謂「場」，意思就是空間中每個點都有一個物理量，一般而言這個物理量逐點不一樣。「場」的概念在物理上，最早由法拉第提出，馬克士威在其想法的基礎上建立了電磁場方程式。在這之前，拉格朗日在研究牛頓理論時，曾經引入了「引力勢」的概念。後來，拉格朗日的學生帕松推廣了引力場理論，建立了與牛頓萬有引力定律等效的引力場帕松方程式：

$$\Delta\varphi = 4\pi G\rho \tag{4-2-1}$$

　　式中的 Δ 是拉普拉斯算符，這是引力勢 φ 滿足對坐標的 2 階微分方程式，方程式右邊的 G 和 ρ 分別是萬有引力常數和空間的質量密度。

　　這裡再插入一段歷史典故。其實，在愛因斯坦建立兩個相對論的過程中，數學家龐加萊基本上一直與他並肩同行。儘管兩位偉人只在第一

次索爾維會議上有過短暫會面。之前我們敘述過龐加萊曾經走到狹義相對論的邊緣，實際上他在 1906 年就已經構造了第一個相對論的引力協變理論，雖然尚有缺陷，但引力場理論已見雛形。

龐加萊的不足之處可能在於，對時空的物理本質挖掘得不夠深入。在他看來，勞侖茲變換、統一時空等，都僅僅是使理論完美、漂亮的數學方法而已。

真正使愛因斯坦的引力觀念飛躍到時空幾何層次的，是他的好友艾倫費斯特提出的轉盤悖論。在這個悖論中，一個圓盤以高速旋轉。試想圓盤由許多大小不一的圓圈組成，越到邊緣處圓圈半徑越大，圓圈的線速度也越大。由於長度收縮效應，這些圓圈的周長會縮小。然而，因為圓盤的任何部分都沒有徑向運動，所以每個圓圈的直徑將保持不變。周長與直徑的比值是我們所熟知的常數 —— 圓周率 π。但根據狹義相對論的尺縮效應，圓盤高速轉動時，比值會小於 π。就好像圓盤彎成了一個曲面一樣，如圖 4-2-1（a）所示。

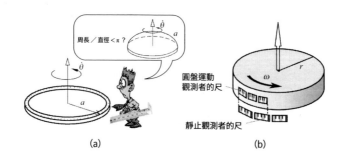

圖 4-2-1　轉盤悖論

如果圓盤是一個剛體，就不可能彎曲。於是，這個悖論有另外一種敘述方法：對同一個圓盤邊緣，由於相對論的「尺縮效應」，位於圓盤邊緣上觀測者的尺，測量邊緣時，會比靜止觀測者的尺更短。所以，運

動觀測者測量到的圓盤周長大於靜止觀測者的結果。而當運動觀測者測量直徑時，尺不會縮短，所以，運動觀測者測量到的周長與直徑的比值要大於圓周率。

總之，無論何種說法，都好像會碰到非歐幾里得幾何。愛因斯坦由此意識到，他最初試圖將引力和加速度系統含括進狹義相對論的想法是行不通的，他需要另外一種幾何，來描述被引力（或加速度）彎曲了的時空。由於我們所在的真實宇宙中，各處的引力是不一樣的，因而時空的彎曲程度也將處處不一樣。愛因斯坦苦苦思索這一切長達 7～8 年之久，終於驚喜地發現，黎曼幾何正好可以將他的狹義相對論與引力場彎曲時空的思想完美結合在一起，形成一個美妙的新理論。

愛因斯坦喜歡黎曼幾何中的「度規」張量場，認為它非常類似於他想要描述的引力勢。因此，愛因斯坦現在有了明確的目標 —— 建立一個與空間度規有關的引力場方程式，這個方程式在「低速弱場」的近似下，應該得到牛頓引力定律的結果，也就是得到式（4-2-1）所描述的帕松方程式。

我們再回過頭來看式（4-2-1），它的左邊是引力勢對空間的 2 階導數，右邊除了幾個常數之外，是物質密度 ρ。因而，帕松方程式在物理上可以解釋為：空間的物質分布決定了空間的引力勢。空間的引力勢場是帕松方程式的解。

愛因斯坦想要的引力場方程式則應該解釋為：時空中的物質分布決定了時空的度規。將度規類比於引力勢，那麼帕松方程式左邊引力勢的 2 階導數，就應該對應於度規的 2 階導數。從我們所學過的黎曼幾何知識可知，與度規 2 階導數有關的是曲率張量。所以，場方程式的左邊應該是曲率張量表徵的幾何量。曲率張量有好幾種，愛因斯坦選中了有兩個指標的里奇曲率張量。那麼，場方程式的右邊又是什麼呢？愛因斯坦將

質量密度 ρ 的概念擴展成一個張量，稱為能量動量張量。總結上面的想法，愛因斯坦的引力場方程式有如下形式：

$$R_{\mu\nu} - \frac{1}{2}Rg_{\mu\nu} + \Lambda g_{\mu\nu} = 8\pi GT_{\mu\nu} \qquad (4\text{-}2\text{-}2)$$

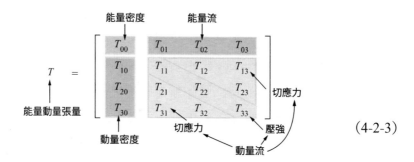

$$(4\text{-}2\text{-}3)$$

方程式（4-2-2）右邊的 G 和式（4-2-1）中的 G 一樣，是牛頓萬有引力常數。$T_{\mu\nu}$ 是四維時空中的能量動量張量，物理意義如式（4-2-3）所示。其一般表達式非常複雜，因為愛因斯坦試圖把能產生引力效應（或者說產生時空彎曲）的所有「物質」形態都包括在內。這些「物質」形態不僅包括具有靜止質量 m 的通常意義下的物質，還包括所有具有能量的狀態。因為按照愛因斯坦著名的質能關係式 $E = mc^2$，任何形態的能量都可以等同於一定的質量，都應該對時空彎曲有所貢獻。因而，宇宙中各個系統的剪應力和壓強也以動量流的形式被包含在能量動量張量中。

方程式的左邊則是時空的幾何描述部分，其中第一項的 $R_{\mu\nu}$ 是愛因斯坦最開始就選中的里奇曲率張量。後來，他發現如果只有第一項 $R_{\mu\nu}$ 的話，方程式不能自動滿足能量守恆和動量守恆的要求，即不能滿足能量和動量的連續性方程式。於是，他便加上了里奇標量曲率 R 與度規 $g_{\mu\nu}$ 相乘的第 2 項。

從愛因斯坦引力場方程式左邊和右邊的構成元素，不難明白其物理

意義。一個物理方程式的求解過程，就是從已知的物理量得到未知函數的過程。對引力場方程式（4-2-2）而言，需要求解的未知函數是四維時空的度規張量 $g_{\mu\nu}$。從方程式右邊的表達式看起來，是里奇曲率張量的線性方程式。但是因為里奇曲率張量不是度規的簡單線性函數，所以整個愛因斯坦場方程式對於待求解的度規張量 $g_{\mu\nu}$ 而言，是高度非線性的，這點也完全不同於其他物理方程式。比如描述電磁場的馬克士威方程式、描述量子力學的薛丁格方程式等，都是線性偏微分方程式，從而可以應用線性疊加原理，即「兩個解的線性組合仍然是方程式的解」。但這種說法對引力場方程式不再成立，因此求解廣義相對論的引力場方程式異常困難。

此外，能量動量張量表達式（4-2-3）中，看起來包括了所有產生時空彎曲的「源泉」，但是仍然缺少了一個源泉：引力場自身。引力場或引力波也是一種物理存在，也具有能量，它是否也要被考慮進能量動量張量之中呢？愛因斯坦並未將它放進去 —— 也不知如何放進。但是，在研究計算具體問題時，卻務必需要記住這點。

在「低速弱場」的近似下，引力場方程式（4-2-2）可以簡化成帕松方程式。也就是說，在物體運動的速度，比起光速來說低很多，而能量動量張量中元素的數值不太大的情況下，廣義相對論的結果與經典牛頓力學一致。因而，愛因斯坦對他構造的引力場方程式基本滿意。

不過，剛才我們還沒有談到方程式（4-2-2）左邊的第 3 項。這是與度規張量成正比的一項，其中的比例係數 Λ，便是著名的宇宙學常數。愛因斯坦將它引進到場方程式中，演繹出一段有趣的故事。而且，物理學界和天文學界對此宇宙學常數的研究興趣經久不衰，因為它的存在與宇宙中發現的「暗能量」有關，我們將在下一章中進一步討論這個問題。

3

實驗證實

　　劍橋大學三一學院是劍橋大學中最負盛名的學院之一。從這個優美、古老的庭院中，走出了許多名人，著名的物理學家也不乏其人，包括本書介紹過的牛頓、馬克士威、波耳等人。

　　當然，本書的主角愛因斯坦並非出自這個名門院校，因為他是德國人。而且，愛因斯坦思想新穎、不拘一格，並不在乎學院式的嚴謹教育。不過，從三一學院卻走出了一個愛因斯坦廣義相對論的熱心宣傳者和崇拜者，且他用天文觀測事實證明了廣義相對論有關引力場附近光線偏轉的預言。他就是英國天體物理學家和數學家愛丁頓（Sir Arthur Stanley Eddington，1882 ～ 1944）。

　　廣義相對論需要經過實驗的檢驗。它所預言的光線偏轉，應該能在日全食時觀測到。實際上，不是日食的時候，星體發出的光線經過太陽附近也會彎曲，但是因為太陽發出的光太強了，使得無法觀察到光線偏轉的現象，而日全食則是一個很好的機會。1914 年，有一支德國的科學探險隊奔赴俄國，企圖完成這個科學任務，以驗證廣義相對論。但此行未能成功，因為剛好碰到第一次世界大戰爆發，德國的科學家們被俄國

士兵俘虜了。

　　由於第一次世界大戰的緣故，英國和德國的科學界也互隔音訊。所以，愛因斯坦的廣義相對論開始時，在英國鮮為人知。愛丁頓是第一個用英語向英國科學界介紹相對論的人。他反對戰爭、拒服兵役，一直關注愛因斯坦研究工作的進展。1919 年，戰爭的硝煙剛過，他就率領一支科學遠征隊，前往非洲觀察日全食，目的就是要驗證廣義相對論有關光線在太陽附近偏轉的預測。

　　當愛丁頓從非洲返回，向媒體宣布結果時，整個世界都為廣義相對論的勝利而瘋狂、沸騰，據說當初大眾的瘋狂程度不亞於如今的追星族。各大報都以頭版頭條報導、宣傳這條科學新聞。此後，愛因斯坦從一個不起眼的專利局小職員，一躍成為全世界的科學明星。2009 年，為慶祝愛丁頓宣布證實廣義相對論 90 週年，BBC 電視臺拍攝了一部名為《愛因斯坦與愛丁頓》的紀錄片，對當時的事件進行了描述。

　　實際上，從牛頓的引力理論也可以計算光線經過太陽附近時的偏轉，但算出的結果是 0.87″ [1] 的偏離。而廣義相對論的預言結果是牛頓結果的 2 倍：1.74″。愛丁頓的觀察得到 1.64″，基本上驗證了愛因斯坦預言的數值。當時的愛丁頓自然也成為民眾心目中的英雄人物。據說愛丁頓自認為是除了愛因斯坦之外，世界上最懂廣義相對論的人。當美國物理學家席柏斯坦對他說世界上只有三個人懂得廣義相對論時，愛丁頓卻幽默地反問：「誰是第三個人啊？」

　　除了熱心支持驗證相對論之外，愛丁頓對天體物理學其他方面也作出了貢獻。他是第一個提出恆星的能量來源於核聚變，支持和發展大數假說（大數假說是保羅・狄拉克（Paul Adrien Maurice Dirac）於 1937 年提出的一個假設。他比較兩個不帶量綱的量值：引力與電磁力的比值和宇宙年齡的尺度，發現兩者均為約 40 個數量級，他認為這並非巧合，並

設計了一個模型）等。和愛因斯坦有點類似，愛丁頓在中年後，一直做著統一理論之夢，想要將量子理論、相對論和引力理論統一起來。

愛丁頓對光線彎曲的測量（圖 4-3-1（b））是廣義相對論發表後的 3 大經典實驗驗證之一。另外兩個是解釋水星近日點的進動（圖 4-3-1（a）），以及光線的引力紅移現象（圖 4-3-1（c））。

從牛頓引力理論可知，行星繞著太陽作橢圓運動，太陽位於橢圓的一個焦點上。行星的軌道上離太陽較近的那個位置，叫「近日點」。天文學家們很早就觀測到，水星的橢圓軌道並不是一成不變的，而是作著所謂的「進動」。進動的原因主要是因其他行星對水星軌道的影響。比如，觀察到的總進動值大約為每 100 年 574.64″ ±0.69″，其中 531.63″ ±0.69″是由於其他行星的影響而產生的。如果把這些影響除去的話，根據牛頓理論，太陽和水星是個簡單的 2 體問題，橢圓的位置應該是固定的。那麼，額外的 43″左右的進動是哪裡來的呢？牛頓理論無法解釋這點。但是，根據廣義相對論彎曲時空的理論，計算出來的水星近日點進動值，精確地解釋了這個額外的進動值。

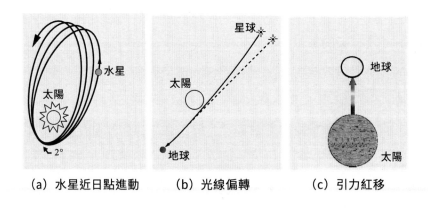

（a）水星近日點進動　　（b）光線偏轉　　（c）引力紅移

圖 4-3-1　廣義相對論 3 大經典實驗驗證

　　廣義相對論還預言，光波從巨大質量的引力場源遠離時，頻譜會往紅端移動。也就是說，光線的頻率變低，波長變長，此謂「引力紅移」。其頻率移動為 $GM/(c^2r)$。這裡 G 是引力常數；M 是發光天體的質量；c 是光速；r 是離天體中心的距離。引力紅移不是很容易驗證的現象，因此，直到 1969 年才由哈佛大學的 Pound-Rebka 實驗所證實。

　　之後，更多的天文觀測實驗都證明，廣義相對論比牛頓引力理論更能精確地解釋天文現象。因而，廣義相對論已經成為現代宇宙學的理論基礎。

---

(1)　$1'' = 1°/3600$。

4

時空中的奇點

　　一般情形下，愛因斯坦的場方程式無法求解，但在某些特殊條件下可以解出。1915 年 12 月，在愛因斯坦剛剛發表廣義相對論 1 個月後，德國天文學家卡爾‧史瓦西（Karl Schwarzschild，1873 ～ 1916）即得到了能量動量張量為球對稱情形下愛因斯坦場方程式的精確解。可嘆的是，當時正值第一次世界大戰，史瓦西參加了德國軍隊，正在俄國服役。史瓦西把他的計算寄給了愛因斯坦，但還沒來得及看到他的論文發表，史瓦西就因為在戰壕中染病而結束了他年僅 42 歲的生命，也過早結束了他的學術生涯。不過，以他名字命名的「史瓦西度規」和「史瓦西半徑」，卻永久地和黑洞連在一起。史瓦西的精確解指出，如果某天體全部質量都壓縮到很小的「引力半徑」範圍之內，所有物質、能量（包括光線）都被囚禁在內，從外界看，這天體就是絕對黑暗的存在，也就是「黑洞」。

　　如何理解黑洞？相信大家都聽說過，但大多數人可能不甚了解。它絕對是一個有了廣義相對論之後才有的概念，儘管「黑洞」一詞是由約翰‧惠勒（John Archibald Wheeler）在 1968 年才命名的，但我們仍然可以從經典力學的觀點找到它在愛因斯坦時代之前的蛛絲馬跡。早在 1796

年，著名物理學家拉普拉斯就曾經預言過類似天體的存在；1917 年，史瓦西從廣義相對論構造出此類「奇點」的數學結構。後來，當惠勒賦予此類天體「黑洞」這個通俗易懂的名詞後，它們才為廣大群眾所知曉，且很快成為許多科幻小說和電影的熱門題材。

　　為了便於理解，我們可以給黑洞下一個比較通俗的定義：黑洞是一部分時空，其中的引力大到連光也不能逃離它。或者換言之，用牛頓力學的語言來說，「逃逸速度」超過光速的天體，就叫「黑洞」！

　　根據牛頓力學，每個星體都能算出一個物體可以逃離它的最小速度，即逃逸速度。從日常生活經驗我們知道，當上拋一個物體，用的力氣越大，就能使它得到更大的初速度；將它拋得越高，它最後返回地球的時間也就越長。

　　如圖 4-4-1（a）所示，當被拋物體的速度大到一定的數字，能使這個物體繞著地球轉圈；如果速度再加大，物體便能逃離地球的引力，進到宇宙空間，再也不回來了。這個臨界速度，便是逃逸速度。逃離地球的引力範圍是可能的，我們個人在拋球時做不到，但火箭和宇宙飛船能做到。地球表面的逃逸速度大約為每秒 11.2km，相對於日常運動速度來說，夠快的了，但比起每秒鐘 30×10^4km 的光速來說，還太小了。因此，地球遠遠不是一個黑洞！

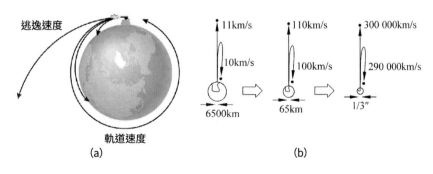

圖 4-4-1　逃逸速度

天體的逃逸速度與天體的質量和半徑有關，簡單地使用萬有引力定律就可以得出它的計算公式：逃逸速度的平方與質量成正比，與半徑成反比。那麼，如果我們假設地球的質量是一個固定的數字，而由於某種原因，它的半徑卻不斷地縮小又縮小，好像是將一個彈性橡皮球用力壓縮進一個越來越小的空間中，如圖 4-4-1（b）的情形，想逃逸這個天體所需要的速度會越來越大。當地球（或稱之為具有地球質量的假想天體）的半徑縮小到大約 1/3in[1] 時，逃逸速度便增加到了光速的數值。我們都知道，任何實物和訊息都不能跑得比光還快。因此，對一個裝下整個地球質量的彈子球而言，任何事物，即使是光也不能逃離它。如此一來，這樣的「地球」就轉化成一個黑洞了！

根據牛頓力學計算逃逸速度不難，如果用愛因斯坦的廣義相對論，事情當然會複雜許多，但基本思想是類似的。引力場方程式的解，描述的是在一定的物質分布下，時空的幾何性質，它實際上是一個 2 階非線性偏微分方程組，想在數學上求得此方程組的解非常困難。方程式只在某些特殊情形下有解，比如，引力場方程式的真空解是平直的閔考斯基四維時空；物質分布為球面對稱的精確解，稱為「史瓦西解」。

從史瓦西解可以得到與黑洞形成有關的史瓦西半徑，與剛才我們用萬有引力定律討論的逃逸速度達光速時的半徑數值相符。這個表徵黑洞的特別參數，後來被稱為黑洞的「事件視界」（event horizon）。

根據廣義相對論，如果星體在一定條件下發生引力塌縮，塌縮到史瓦西半徑形成黑洞後，還會繼續塌縮下去。到最後，所有物質高度密集到一個「點」，一個被稱為「奇點」的點。當然，這在實際情形下是不可能的，只不過是理論描述的一種數學模型。但無論如何，我們可以想像為所有物質都集中在一個很小的範圍之內。

因此，根據廣義相對論，我們可以如此表述黑洞的數學模型：黑洞

是一個質量密度無窮大的奇點，被一個半徑等於史瓦西半徑的事件視界
圍繞著，如圖 4-4-2 所示。

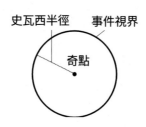

圖 4-4-2　黑洞的廣義相對論模型

　　廣義相對論不僅能計算出黑洞的事件視界，還預言了在黑洞的事件
視界內，時空的種種奇怪性質。這裡僅舉一個有趣的例子予以說明。

　　設想愛麗絲和鮑勃一起坐著宇宙飛船旅行到黑洞附近。悲劇突然發
生：勇敢卻又莽撞的愛麗絲掉進了黑洞，而將一籌莫展的鮑勃留在事件
邊界之外，如圖 4-4-3 所示。根據廣義相對論的結論，有關愛麗絲在到達
奇點之前的情況，黑洞外的觀察者鮑勃看到的和愛麗絲自己感受到的完
全不同。

圖 4-4-3　史瓦西黑洞

鮑勃看到愛麗絲越來越接近視界,且是越來越慢地接近視界,她的消息傳過來花費的時間也越來越長,最後變成無限長,也就等於沒有消息了。而掉進黑洞事件視界的愛麗絲,卻對自己的危險渾然不知,沒有什麼特殊的感受,始終快樂地自由落體飄浮著,完全不知道自己已經穿過黑洞的邊界,再也回不去了!直到後來,她真正靠近黑洞中心的那個奇點。不過那時會很可悲,她還來不及思考,就被四分五裂、撕得粉碎了。

　　剛才的例子純粹是個理論問題,我們不用為地球上真實的愛麗絲擔心。因為根據天文學的觀測資料,目前距離我們最近的黑洞也在 1,000 光年 [2] 之外。

---

(1)　$1in = 0.0254m$。

(2)　1 光年 = $9.46 \times 10^{15} m$。

5

霍金輻射

　　物理學的專業詞彙中，恐怕很難找出別的術語，能比「黑洞」更加深入大眾之心。黑洞又和那個輪椅上的傳奇人物 —— 霍金 —— 的名字連在一起。因此，兩者都廣為人知。幾 10 年前，英國物理學家史蒂芬・霍金（Stephen William Hawking）將量子論引入黑洞的經典理論，提出「霍金輻射」的觀點。而 2014 年 1 月，據說這位著名科學家在一篇文章中否定了自己對黑洞的看法，認為黑洞不存在。但是仔細研究一下霍金的文章，便會發現，霍金的原意與在媒體渲染下造成的群眾影響大相逕庭。

　　量子力學和相對論是 20 世紀物理學的兩項重大成果。100 年左右的歷史中，大量實驗事實和天文觀測資料分別在微觀和宏觀世界驗證了這兩個理論的正確性。然而，當這兩個理論碰到一起時，卻總是水火不相容，其中的根本原因，都得歸罪於「引力」（gravitation）這個桀驁不馴的傢伙。從 1687 年牛頓發表萬有引力定律，到愛因斯坦 1915 年的廣義相對論，直到現在……上百年來，一代又一代的理論物理學家們，傾注無數心血、花費寶貴光陰，至今仍對它們的本質知之甚少，難以駕馭它們。所幸的是，需要同時用到這兩個理論來解決引力問題的場合不多，

可以說是非常之少。在研究宇宙和天體運動的大範圍內，廣義相對論可用於解決引力問題，而在量子理論大顯神通的微觀世界中，引力非常微弱，大多數情況都可以對其效應不予考慮。然而，有兩個例外的情況，必須既用到量子力學，又要應用引力理論。它們之中的一個，是宇宙的開始時刻，即大爆炸的起點；另一個就是黑洞。在這兩種情況下，尚未被物理學家統一在一起的引力和量子，便打起架來了。霍金對黑洞發表的最新說法，便是為了解決理論上的矛盾，而提出的一種方案。

　　廣義相對論的核心是引力場方程式。方程式的一邊是物質的能量動量張量，另一邊則是由四維空間的曲率及其導數組成的愛因斯坦張量。著名美國物理學家約翰‧惠勒曾經用一句話來概括廣義相對論：「物質告訴時空如何彎曲，時空告訴物質如何運動。」這句話的意思就是，時空和物質透過引力場方程式連繫在一起。這種連繫可以利用圖 4-5-1（a）來說明。在圖中，極重的天體使周圍空間彎曲而下凹，這種下凹的空間形狀，又影響這個天體以及周圍其他物體的運動軌跡。

圖 4-5-1　引力引起時空彎曲到破裂成為黑洞

　　還可以進一步用一個日常生活中容易理解的現象來作比喻：一個重重的鉛球放在橡皮筋繃成的彈性網格上，使橡皮筋網下陷。然後，另外一些小球掉到網上，它們將自然地滾向鉛球所在的位置。如何解釋小球

的這種運動？牛頓引力理論說：小球被鉛球的引力所吸引。而廣義相對論說，是因為鉛球造成它周圍空間的彎曲，小球不過是按照時空的彎曲情形運動而已。

圖 4-5-1（b）表明：天體質量越大，空間彎曲將會越厲害。大到一定的程度，這張網被撐破而形成了一個東西全往下掉，且再也撿不起來的「洞」，即黑洞。

在 1970 年代以前，物理學家一直沿用黑洞的上述廣義相對論模型。但是，黑洞的引力是如此巨大，尺寸又是如此之小，對引力的量子理論躍躍欲試的理論物理學家們，自然而然地將手伸進了這個迷宮。70 年代初，理論物理學家雅各布‧貝肯斯坦（Jacob Bekenstein，1947 ~ 2015）研究了黑洞的熵及其熱力學性質；史蒂芬‧霍金則提出黑洞也有輻射，即「霍金輻射」。

霍金認為，在黑洞的事件視界邊緣，由於真空漲落，將不斷發生粒子 —— 反粒子對的產生和湮滅。因為處於視界邊緣，很大的可能性為這兩個粒子中的一個將掉入黑洞，另一個則表現為像是黑洞的輻射。由於這種被稱為「霍金輻射」的現象，黑洞將不斷地、緩慢地損失能量。最終的結果會導致所謂的「黑洞蒸發」而消失不見。

真空漲落產生的粒子 —— 反粒子對，有點像上一節所舉的愛麗絲和鮑勃，只不過正反粒子對是憑空隨機產生的，但它們符合的經典運動圖像可以類比。

既然霍金開了一個頭，將量子論引入黑洞研究中，人們便蜂擁而至。然而，至今 40 年過去了，除了遭遇到許多困難、提出了幾個悖論之外，可以說成果甚少。

首先，黑洞由星體塌縮而形成，形成後能將周圍的一切物體全部吸引進去，因而黑洞中包含了大量的訊息。而根據「霍金輻射」的形成機

制，輻射是由於真空漲落而隨機產生的，所以並不包含黑洞中任何原有的訊息。但是，這種沒有任何訊息的輻射最後卻導致了黑洞的蒸發消失，那麼黑洞原來的訊息也都全部丟失了，可是量子力學認為訊息不會莫名其妙地消失，這就是黑洞的訊息悖論。

此外，形成「霍金輻射」的一對粒子是互相糾纏的。量子糾纏態是量子理論最基礎的概念之一，已經被各種實驗所證實。處於量子糾纏態的兩個粒子，無論相隔多遠，都會相互糾纏，即使現在一個粒子穿過黑洞的事件視界，也沒有理由改變它們的糾纏狀態，這點顯然與相對論預言的結果相矛盾。

黑洞戰爭

　　理論物理學家們一直在為解決訊息悖論及與黑洞相關的其他問題而努力，提出了各種方案和理論。

　　美國史丹佛大學教授倫納德・薩斯坎德（Leonard Susskind，1940～）是一位幽默風趣的美國理論物理學家，頗有理查・費曼的風格。據薩斯坎德自己回憶，因為高中時是一個「壞小子」，而大學階段學習工程，後來才立志成為一個理論物理學家。薩斯坎德是弦論的創始人之一，他著有《黑洞戰爭》（*Black Hole War: My Battle with Stephen Hawking to Make the World Safe for Quantum Mechanics*）一書，精彩地描述了物理學界 30 年來有關黑洞本質特性的一場論戰。論戰中的一方是薩斯坎德和 1999 年諾貝爾物理學獎得主、荷蘭物理學家傑拉德・特・胡夫特（Gerard't Hooft），另一方則是大眾熟悉的霍金。

　　如上一節中介紹的，霍金提出了霍金輻射以及黑洞蒸發的理論，造成了訊息悖論。然而，薩斯坎德等人意識到，這種觀點不符合量子力學，將使物理學陷入危機。他們認為，並非理論本身有問題，而是由於霍金對量子論的概念有錯，而造成了危機。

159

黑洞的確是一個令物理學家們著迷而又困惑的研究對象。物理學家霍金似乎已經成為大眾心目中「黑洞」一詞的代表，將他視為研究黑洞的最高權威。然而，你可能沒有聽說過，霍金因為對黑洞問題的理解曾3次與物理學界的同行們打賭，但有趣的是，每次都以霍金輸掉賭局而告終。

　　在現今世界上研究引力理論的眾多物理學家中，美國理論物理學家基普·索恩（Kip Stephen Thorne，1940～）被認為是權威之一。索恩是加州理工學院教授，和費曼一樣，他也是當年約翰·惠勒在普林斯頓大學的博士學生之一。索恩喜歡以黑洞問題為目標與人打賭，而且每次都贏。除了其中3次是贏霍金之外，還有最早的一次，是贏了印度裔美國物理學家、諾貝爾物理學獎得主錢德拉塞卡，那次，他們是就黑洞穩定性的問題打賭。

　　由此可知，索恩對黑洞概念的功底之深。1997年，索恩、普雷斯基爾（John Phillip Preskill）與霍金就以上所述的黑洞訊息丟失問題而打賭。霍金認為黑洞蒸發後訊息沒有了，而索恩和普雷斯基爾認為黑洞可以隱藏它內部的訊息。3人打賭的賭注是一本百科全書。

　　黑洞訊息悖論實質上也是因為廣義相對論與量子理論的衝突而產生的，霍金站在廣義相對論這邊，薩斯坎德等人則站在量子論那邊。索恩和普雷斯基爾其實都算是引力方面的專家，不過，他們獨具慧眼，將賭注下到薩斯坎德這邊。

　　薩斯坎德和胡夫特從計算黑洞熵中悟出了一個全像原理，從而解釋了訊息悖論。全像原理認為，訊息不會丟失，黑洞的邊界儲存進到黑洞中的、包括物質組成和相互作用的所有訊息。

　　另外，薩斯坎德熱衷於互補原理。類似量子力學中認為光「既是波又是粒子」這樣的互補觀點，薩斯坎德認為黑洞內外的兩個觀測者觀察

到的現象也是互補的。比如，故事中的愛麗絲，可以既在黑洞內，又在黑洞外。不是非得取其一，完全可以同時「既是此又是彼」，是互補的兩者。換言之，物質落入黑洞的過程，完全可以用邊界上的量子理論來理解和描述。物理學家們使用全像原理直接計算出多種黑洞的熵，計算表明「霍金蒸發」並非隨機，其中包含進入黑洞物質的所有訊息。全像原理的成功，使霍金本人也認輸：在 2004 年一次廣義相對論和引力國際會議上，霍金宣布，黑洞的演化是符合因果律的，並沒有丟失訊息，他承認輸掉了這場賭賽。

2013 年，美國加州大學聖巴巴拉分校的 4 位理論物理學家（AMPS）發表了一篇論文《黑洞：互補還是火牆？》（*Black Holes: Complementarity or Firewalls?*）。

文章的 4 位作者，以理論物理學家約瑟夫·波爾欽斯基（Joseph Polchinski，1954 ～ 2018）為首。他們提出「黑洞火牆」悖論。（作者註：Firewall 可以翻譯成防火牆，但在這裡的意思不是「防火」的牆，而是「著火」的牆，故翻為「火牆」）。他們認為，在黑洞的視界周圍，存在著一個因為霍金輻射而形成的巨大能量火牆。當量子糾纏態的粒子之一（比方說愛麗絲）穿過視界，掉到這個火牆上的時候，並不是像廣義相對論所預言的，悠悠然什麼也不知道，毫無知覺地穿過視界被拉向奇點，而是立即就被火牆燒成了灰燼。原來的量子糾纏態也在穿過視界的瞬間，便會立即被破壞掉。

這篇論文把矛盾集中到黑洞的邊界 —— 事件視界（Event Horizon）上。就此爭論，霍金於 2013 年 8 月在加州聖巴巴拉凱維里理論物理研究所召開的一次會議上發表了談話，而他於 2014 年 1 月 22 日發表的文章，便是基於這個會議發言。

為了解決這個矛盾，霍金提出一個新的說法，認為事件視界不存

在，以一個替代視界 —— 表觀視界（apparent horizon） —— 代之，認為這個表觀視界才是黑洞真正的邊界。而且，這個邊界只會暫時性地困住物質和能量，但最終會釋放它們。

因此，霍金沒有否定黑洞的存在，只是重新定義了黑洞的邊界。

黑洞問題爭論的實質，是廣義相對論和量子理論產生的矛盾。當有一個能將兩者統一起來的理論時，才能真正解決黑洞的問題。

五、茫茫宇宙

1

宇宙學常數的故事

　　愛因斯坦在 1905 年建立了狹義相對論，1915 年建立廣義相對論的引力場方程式，在 1917 年的一篇文章中，引入了宇宙常數。場方程式看起來並不是很複雜，但解起來卻異常困難。我們暫時忽略宇宙常數，考察一下引力場方程式包含的物理意義。如今我們很難體會和揣摩愛因斯坦當時的真實思想，但可以從我們現在所具有的物理知識出發，先來重新認識一下場方程式到底意味著什麼。為方便起見，將該方程式在此重寫一遍：

$$R_{\mu\nu} - \frac{1}{2}Rg_{\mu\nu} + \Lambda g_{\mu\nu} = 8\pi G T_{\mu\nu} \qquad (5\text{-}1\text{-}1)$$

　　為了更深刻地理解廣義相對論，不妨先回憶一下狹義相對論。相對於經典牛頓力學而言，狹義相對論否認了速度（即運動）的絕對意義。也就是說，當我們在狹義相對論談及速度 v 時，一定要說明是相對於哪個參考系而言的速度，否則就是毫無意義的。到了廣義相對論則更進了一步，因為廣義相對論取消了慣性系的概念，速度不僅沒有了絕對的意義，連速度對慣性系的相對意義也沒有了。比如，在廣義相對論預言的彎曲時空中，我們只能在同一個時空點來比較兩個速度（或任何向

量），而無法比較不同時間、不同地點的兩個速度的大小和方向，除非我們按照前面介紹過的黎曼流形平行移動方法，將它們移動到同一個時空點。這也就是為什麼我們花了很長的時間來解釋黎曼幾何和張量微積分等數學概念。因為在（偽）黎曼流形上，每個不同的時空點定義了不同的坐標系，使用它們才能正確描述廣義相對論中彎曲時空的精髓。或許可以用一句簡單的話來表述得更清楚一些：狹義相對論將獨立的時間和空間，統一成「四維時空」；廣義相對論則將平直的時空變成了帶著活動標架的「流形」。

當然，在流形上的一個很小局部範圍內，我們仍然可以忽略時空的彎曲效應，近似地使用狹義相對論的概念，但那只是在兩個粒子相距非常小的時候才能成立。

再次引用惠勒的名言：「物質告訴時空如何彎曲，時空告訴物體如何運動。」

「物質告訴時空如何彎曲」，這點從方程式（5-1-1）是顯而易見的。因為方程式的右邊是給定世界的「物質」分布，它決定了方程式的解，即度規張量，也就是表徵時空如何彎曲的幾何度量。後一句話說的則是：彎曲的時空中，粒子將如何運動。

考慮在度規為 g_{ij} 的時空中有一個作「自由落體」運動的「試驗粒子」。先澄清一下提到的幾個概念，以免造成誤解。所謂「試驗粒子」，就是指它是一個理想的點粒子，這個粒子的能量和動量很小，以至於它的存在絲毫不影響原來時空的度規張量。所謂「自由落體」，就是指粒子的運動除了受到引力引起的時空彎曲之外，沒有任何其他的作用力。這個「自由落體」的概念，比人們一般理解的「垂直下落」更廣泛，比如斜拋、上拋都包括在裡面。這樣的試驗粒子應該沿著測地線運動。這時，粒子的速度向量相應地沿著測地線平行移動。對應於平坦空

間，測地線是彎曲空間中最接近直線概念的幾何量。此外，說到「彎曲空間的測地線」時，實際上指的是「時間和空間」的彎曲程度及測地線，並非單指通常意義下的三維位置空間。這點在實際使用時空度規時有很大的區別。下面舉個例子說明這個問題：比如我們周圍的地球重力場，基本上仍然是平坦的三維歐幾里得空間，測地線應該是一條直線。如果觀察一個向上斜拋的物體，物體開始時將上升，然後下降，走的是一條明顯彎曲的拋物線。忽略空氣阻力等其他因素的話，這個上拋物體應該符合上面提及的「自由落體」定義，但它在空間的軌跡卻是拋物線，並非直線，這是什麼原因呢？這就是因為我們將普通空間當成了廣義相對論中的「時空」。如果真正畫出這個上拋「自由落體」在四維時空中的軌跡，就會發現，它與直線的差別非常之小。因為四維時空中的空間坐標 x，相當於時間坐標 t 乘以光速 c。

用二維球面來理解彎曲時空。兩個人從赤道上的不同點出發，都一直向北走。如果他們本來習慣了平坦空間的幾何，他們會以為他們的運動方向是互相平行的，因而相互距離應該保持不變。然而，在球面上實驗後卻會發現，他們之間的距離越來越近。對這個事實，他們可以用兩種方式來解釋：一是認為有一種力將他們推得互相靠近；另一種則是想像成是因空間彎曲的幾何原因。這兩種解釋是等效的，正如廣義相對論中將引力等效於時空彎曲一樣。

愛因斯坦建立了引力場方程式後，物理學家和天文學家蜂擁而上，使用各種數學方法研究方程式的解，將其與牛頓經典理論比較，用以解釋各種天文觀測現象。在那個時代，宇宙學還只能算是一個初生的嬰兒，物理和天文學界基本上公認宇宙的靜態模型。所謂「靜態模型」，並非認為宇宙中萬物靜止不動，而只是就宇宙空間的大範圍而言，認為宇宙是處處均勻、各向同性的，每一點朝各個方向看去，都會有無窮多

顆恆星，恆星之間的平均距離不會隨時間的流逝而擴大或縮小。但是，根據廣義相對論的運算結果，宇宙並不符合上述的靜態模型，而是動態的，有可能會擴張或收縮。愛因斯坦為了使宇宙保持靜態，在引力場方程式中加上了「式（5-1-1）」中的第 3 項。

當初，愛因斯坦及大多數物理學家都認為，萬有引力是一種吸引力，如果沒有某種排斥的「反引力」與其相平衡的話，整個宇宙最終將會因互相吸引而導致塌縮。因此，宇宙的命運堪憂。當愛因斯坦在他的方程式（式（5-1-1））中引入第二項，使其滿足守恆條件時，發現他的方程式中可以加上與度規張量成正比的一項，而仍然能滿足所要求的所有條件。那麼，是否可以利用這一項，來使方程式預言的宇宙圖景成為靜態、均勻、各向同性的呢？愛因斯坦假設這個比例常數 Λ 很小，在銀河系尺度範圍都可忽略不計。只在宇宙尺度下，Λ 才有意義。

不過，愛因斯坦的想法很快就被天文學的觀測事實推翻了。

首先，物理學家證明，即使愛因斯坦的宇宙學常數提供了一個能暫時處於靜態的宇宙模型，這個靜態模型也是不穩定的。只要某一個參數有稍許變化，就會使變化加大，而往一個方向繼續下去，最後使宇宙很快地膨脹或塌縮。後來，在 1922 年，蘇聯宇宙學家亞歷山大·傅里德曼（Alexander Friedmann，1888 ～ 1925）根據廣義相對論，從理論上推導出描述均勻且各向同性空間的傅里德曼方程式。在這組方程式中，不需要什麼宇宙學常數，得到的解卻不會因為互相吸引而塌縮，而是給出了一個不斷膨脹的宇宙模型。沒過幾年，哈伯的天文觀測數據證實了這個膨脹的宇宙模型。

在傅里德曼「宇宙空間是均一且各向同性」的假設下，宇宙的空間度規 ds 部分，可以寫成一個空間曲率為常數的特殊三維空間度規 ds_3，與一個時間標度因子 a（t）的乘積：

$$\mathrm{d}s^2 = a(t)^2 \mathrm{d}s_3^2 - \mathrm{d}t^2 \qquad (5\text{-}1\text{-}2)$$

　　原來的愛因斯坦引力場張量方程式的未知函數是度規張量 g_{ij}，需要透過式（5-1-1）的 16 個方程式求解出來。方程式右邊的能量——動量——壓力張量表達式也很複雜，一般求解根本不可能，甚至連有意義的討論都很困難。只能在不同的情況下，將方程式簡化後，再來估計和定性地討論解的性質。

　　傅里德曼假設的表達式（5-1-2）就是在大尺度的宇宙空間範圍內，簡化了的度規張量。這裡的未知函數只剩下兩個：空間度規 $\mathrm{d}s_3$ 和時間標度因子 $a(t)$。而且，滿足均勻各向同性條件的空間度規 $\mathrm{d}s_3$，只有 3 種情形，可以分別用一個參數 k 來描述。k 只能取三個值：1、0、–1，分別代表球面、平面及雙曲面幾何。

　　基於傅里德曼條件假設的對稱性，能量動量張量 T_{ij} 也只需要考慮對角線上的四個元素和三維壓力向量 p。如此一來，引力場方程式（5-1-1）在不考慮宇宙學常數（$\Lambda = 0$）的情形下，簡化為如下兩個傅里德曼方程式：

$$\left(\frac{\dot{a}}{a}\right)^2 = \frac{8\pi G}{3}\rho - \frac{kc^2}{a^2} \qquad (5\text{-}1\text{-}3)$$

$$\frac{\ddot{a}}{a} = -\frac{4\pi G}{3}\left(\rho + \frac{3p}{c^2}\right) \qquad (5\text{-}1\text{-}4)$$

　　傅里德曼方程式是關於宇宙空間的時間因子 $a(t)$ 的變化速率及變化加速度的微分方程式，$a(t)$ 是一個無量綱的函數，用以描述宇宙在大尺度範圍內的膨脹或收縮。

　　一開始時，愛因斯坦不怎麼看得起傅里德曼方程式，認為只不過可以滿足一下數學上的好奇而已。但後來，傅里德曼根據這個方程式，第一個從數學角度預言了宇宙的膨脹。再後來，一位比利時的天主教神父，也是宇宙學家的喬治·勒梅特（Georges Lemaître，1894 ～ 1966），

獨立得到與傅里德曼相同的膨脹宇宙結論。1929 年，哈伯宣布的觀測結果證實了這兩位科學家對「宇宙膨脹」的理論預言，並由此否定了引力場方程式中宇宙常數一項的必要性。哈伯的觀測事實，令愛因斯坦懊惱、遺憾不已。

愛德溫‧哈伯（Edwin Powell Hubble，1889 ～ 1953）是美國著名的天文學家，是公認的星系天文學創始人和觀測宇宙學的開拓者。他的觀測資料證實了銀河系外其他星系的存在，且發現了大多數星系都存在紅移的現象。重要的是，哈伯發現來自遙遠星系光線的紅移與它們的距離成正比，這就是著名的哈伯定律：

$$v = H_0 D \tag{5-1-5}$$

式中的 v 是星系的運動速度，D 是星系離我們的距離。從都卜勒效應（圖 5-1-1（a））知道，如果光源以速度 v 運動，觀察者接收到的光波波長與光源實際發出的光波波長，有一個等於 v/c 的偏移。哈伯觀測到來自這些星系的光譜產生紅移，說明這些星系正在遠離我們而去，見圖 5-1-1（b）。比如，光源遠離的速度是 3,000km/s，即光速的 1/100，觀測到的波長也將向低頻方向（紅色）移動 1/100。

哈伯定律說明，離我們越遠的星系，遠離而去的速度就越快。仔細一想，這描述的正是一幅宇宙不斷擴展、膨脹的圖景。其中的比例因子 H 當時被認為是一個常數，後來被認為隨時間而變化，叫「哈伯參數」。但實際上它是隨時間的天文數字而變化，一般情況下不用在意，只對研究宇宙的歷史等宇宙學問題有關。總之，當時的天文學家將 H_0 稱為哈伯常數。根據 2013 年 3 月 21 日普朗克衛星觀測獲得的數據，哈伯常數大約為（67.80±0.77）km/（s‧Mpc）。

哈伯參數與傅里德曼方程式中的時間因子 a（t）有關，即

$$H \equiv \frac{\dot{a}}{a}$$

　　所以，根據傅里德曼的預測和哈伯的實驗證實，宇宙並不是穩態的，而是在膨脹的。而傅里德曼的結論本來就是從沒有包含宇宙常數的愛因斯坦方程式推導而來的。愛因斯坦在方程式中加入的宇宙常數 Λ 成為一個多餘的累贅。

　　愛因斯坦對此耿耿於懷，撤回了他的「宇宙學常數」。據說他在與物理學家伽莫夫的一次談話中對此表示遺憾，認為這是自己「一生所犯下的最大錯誤。」

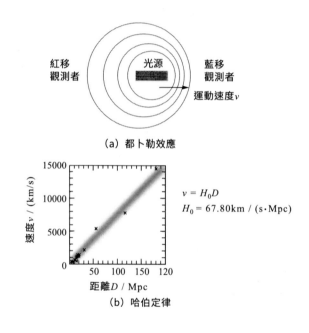

$$v = H_0 D$$
$$H_0 = 67.80 \text{km} / (\text{s} \cdot \text{Mpc})$$

圖 5-1-1　都卜勒效應和哈伯定律

　　宇宙的確在不斷地膨脹，但膨脹的速度是否有變化呢？是加速膨脹還是減速膨脹？這個問題關係到宇宙的歷史和未來。用傅里德曼方程式中的時間因子 $a\,(t)$ 來表示的話，宇宙膨脹說明 $a\,(t)$ 對時間的 1 階導數不為零。加速膨脹還是減速膨脹的問題則與 $a\,(t)$ 對時間的二階導數有

關。對此，不同的學者有不同的看法和解釋，這又導致了不同的宇宙演化模型。

1998 年，兩個天文學研究小組對遙遠星系中爆炸的超新星進行觀測，發現它們的亮度比預期的暗，即它們遠離地球的速度比預期快。也就是說，從幾 10 億年前的某個時刻開始，宇宙的膨脹速度加快了，我們生活在一個加速膨脹的宇宙中。

新的觀測結果，使人們把那個被愛因斯坦引入又摒棄了的宇宙常數「Λ 先生」請了回來。

不過，這次「Λ 先生」的起死回生，與愛因斯坦當初的對錯無關，也完全不是愛因斯坦先知先覺預言到的結果。因為實際上，物理學家們認為宇宙的加速膨脹是與宇宙中存在「暗能量」的事實有關。暗能量在引力場中產生的作用，正好與愛因斯坦原來引進的 Λ 類似，因而才又把 Λ 加進了方程式。暗能量的來源，則是量子場論所預測的真空漲落。而量子論，正是愛因斯坦一生始終懷疑其完備性的理論。

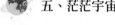

2

大爆炸模型

在 1959 年，有人對美國科學家做過一次調查，試探他們對當時物理學的理解。調查中有一道題目是：「你對宇宙的年齡有何想法？」超過 2/3 的人對這個問題的答案是「認為宇宙是永恆不變、始終如一的」，「沒有開始，沒有結束，所以談不上『年齡』的問題」。

就在 5 年之後，兩位在美國新澤西州貝爾實驗室工作的科學家的意外發現，改變了大多數科學家對這個問題的看法。

阿諾・彭季爾斯（Arno Penzias，1933 ～）出生在德國的一個猶太家庭。正值納粹開始當道的年代，所幸彭季爾斯 6 歲時就被兒童救援行動組織送到了英國，翌年又和父母一同移居到美國，避免經歷這場戰亂。之後，他畢業於紐約著名的 布魯克林技術高中，在哥倫比亞大學獲得博士學位，然後來到新澤西的貝爾實驗室工作。

彭季爾斯在那裡碰到了比他小 3 歲的合作者羅伯特・威爾遜（Robert Woodrow Wilson，1936 ～）。1964 年，他們的合作項目是有關射電天文學和衛星通訊實驗。為了更能接收從衛星返回的訊號，他們在實驗室附近的克羅福山架設一臺新型的喇叭天線。當他們將天線對準天空方向檢

測噪音性能時，發現在波長為 7.35cm 的地方，一直有個類似「噪音」的訊號存在，這個額外的訊號使他們的天線噪音比原來預期的數值增加了100 倍。於是，他們徹底檢查天線，清洗上面的鴿子窩、鳥糞之類的穢物。然而，「噪音」訊號依然存在（圖 5-2-1）。且奇怪的是，這種噪音與天氣、季節、時間都無關，也與天線的方向無關，好像是某種充滿天空的、頑固存在的神祕之光。

　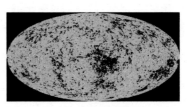

（a）第一次接收到宇宙微波背景輻射的天線　　　　（b）微波背景輻射

圖 5-2-1　微波背景輻射

　　兩位科學家被他們接收到的神祕訊號所困惑，猜測輻射可能是來自於銀河系之外的其他什麼星系。彭季爾斯正好有個朋友在麻省理工學院物理系當教授，與他電話聊天時，談及普林斯頓大學幾個天體物理學家之一（皮博斯）在某討論會上的一個發言。這幾個人（迪克、皮博斯、勞厄和威爾金森）研究的是被稱為「大爆炸」的一種宇宙演化模型。根據這個理論，他們認為在現在的宇宙中，應該充滿著某種波長（幾公分）的微波輻射。這種輻射無孔不入、無處不在，是很有可能被當時的無線電探測儀器接收到的。如果接收到了的話，會是對「大爆炸」理論的一個非常有力的證據。

　　知道了這個情況，彭季爾斯和威爾遜的心情有些激動。聽起來，他們所收到的頻率大約為 4,080MHz 的「不明噪音」，非常符合普林斯頓科

學家們所期望能探測到的微波輻射，難道我們真的在無意中發現了這麼重要的宇宙學證據嗎？

好在普林斯頓離新澤西州不遠，坐汽車半小時就到了。電話聯絡後，天文學家們很快便來到了貝爾實驗室，考察喇叭天線觀察接收到的「噪音」數據。經過一段時間的討論、研究、分析，結論讓兩個小組的人員都很興奮，他們認為：這些訊號的確是宇宙學家們所預言的「微波背景輻射」，不是普通的噪音，而是大爆炸的餘音！

之後，兩個小組的兩篇文章同時發表在《天體物理學報》的同一期中。這是科學家第一次向人們宣布宇宙微波背景輻射（cosmic microwave background radiation，CMB）的發現，為此彭季爾斯和威爾遜還一起獲得了 1978 年的諾貝爾物理學獎。

後來，更多的天文觀測資料支持了宇宙起源於「大爆炸」的學說。從 1959 年的調查，到大多數人觀點的轉變，說明科學界對物理理論的認同，是基於實驗及觀測事實的基礎上，而不僅僅是數學理論模型。注意這裡說的是「科學界的認同」，與在一般大眾中做的調查是兩碼事。

大爆炸學說的確是從理論模型開始的，最早提出的人，居然是一位天主教神父，也就是上一篇中提到過的比利時宇宙學家喬治・勒梅特。勒梅特在當神父的同時，也熱衷於研究愛因斯坦的廣義相對論及哈伯的觀測數據。1931 年，他從宇宙膨脹的結論出發，對廣義相對論進行時間反演，認為膨脹的宇宙反演到過去應該是塌縮、再塌縮……一直到不能塌縮為止。那時宇宙中的所有質量，都應該集中到一個幾何尺寸很小的「原生原子」上，當今的時間和空間結構就是從這個「原生原子」產生的。

宇宙起源於約 138 億年前「奇點」的一次大爆炸？這聽起來實在是匪夷所思。人們很自然地會問：如果認為宇宙有開始的話，那麼在那之

前又是什麼呢？可能誰也無法回答這個問題。但也有人認為，大爆炸之前可能是無數次的塌縮和膨脹的往復循環。各種猜測都有，但僅僅限於猜測。有什麼能比宇宙起源的問題更能吸引人，又更能困擾人呢？事實上，無論科學家給出什麼樣的宇宙演化圖景，都一定會讓大眾產生更多沒完沒了、答覆不了的其他問題。因為人類對宇宙還是如此地無知，在博大、浩瀚的宇宙面前，人類顯得如此渺小和幼稚。科學家們也不過是盡其所能來理解和解釋這個世界而已。

　　當初，大爆炸不過是基於愛因斯坦的引力場方程式，在傅里德曼假設的均勻各向同性條件下簡化、倒推到時間的原點，而得到的假說。但當得到越來越多的實驗事實驗證支持之後，假說就形成了科學理論。這本來就是人類認識大自然無可非議的途徑之一，並不保證該理論就會永遠正確下去。科學精神絕不會排斥任何新的理論來取代舊有的理論 —— 若它能解釋更多的觀測事實。科學史上的多次革命已經強而有力地證明了這點。

　　哈伯定律證實了宇宙膨脹的事實後，有兩種互相對立的解釋。與勒梅特相對立的英國天文學家弗萊德・霍伊爾（Sir Fred Hoyle）等人提出了一種穩態理論。有趣的是，霍伊爾在 1949 年 3 月的一期 BBC 廣播節目中，將勒梅特的理論稱為「大爆炸的觀點」，沒想到這個當時頗帶諷刺、攻擊意味的名詞，之後卻成為勒梅特理論的標籤。

　　大爆炸理論並不完善，但它是迄今為止仍能解釋諸多天文現象而被物理學家、天文學家普遍接受的宇宙演化理論。如今大多數物理學家都相信，大爆炸是能描述宇宙起源和演化最好的理論。

　　對科學界的人士來說，以下這個問題更具有實際的研究意義：大爆炸之後的宇宙是如何演化到現在這個階段的？

　　物理學家喬治・伽莫夫（George Gamov，1904 ～ 1968），最早支持

和完善了大爆炸學說。根據現有的宇宙理論，大爆炸之後的宇宙進化，主要有三個階段：極早期宇宙、早期宇宙、結構形成。伽莫夫當時提出的太初核合成過程，發生在大爆炸之後「早期宇宙」時段中的 3 ～ 20 分鐘，見圖 5-2-2。

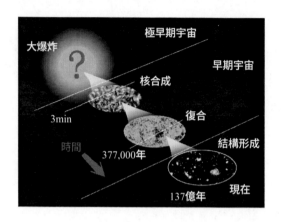

圖 5-2-2　宇宙大爆炸模型

　　1940 年代，伽莫夫與他的學生提出了熱大爆炸宇宙學模型。當時，伽莫夫指派阿爾弗（Ralph Asher Alpher）研究大爆炸中元素合成的理論，在阿爾弗 1948 年提交的博士論文中，伽莫夫說服朋友漢斯‧貝特，把他的名字署在論文上，又把自己的名字署在最後，這樣，三個人的名字：阿爾弗、貝特、伽莫夫的諧音，恰好組成前三個希臘字母 α、β、γ。於是這份標誌宇宙大爆炸模型的論文，在 1948 年 4 月 1 日「愚人節」那天發表，稱為 αβγ 理論。

　　根據熱大爆炸宇宙模型，在極早期的宇宙，所有的物質都高度密集地集中在一個很小的範圍內，溫度極高，超過幾 10 億度。在大爆炸開始的最初 3 分鐘內發生了什麼？物質處於何種狀態？有不少物理模型，但

大多數屬於猜測，是很難用實驗和觀測驗證的。

　　大爆炸後的「極早期宇宙」階段，對我們來說是難以想像的「短」，大約只有最開始的 10^{-12}s。而在如此「轉瞬即逝」的一剎那，物理學家們仍然大有文章可做，將這個階段分成了許多更小的時間間隔。比如，在最開始的 10^{-40}s，被物理學家們稱為量子引力階段。那時候的「世界」應該表現出顯著的量子效應和巨大的引力。接著，宇宙進入暴脹時期：空間急遽變化、時空迅速拉伸、量子漲落也被極快速地放大，並產生出強度巨大的原初引力波。

　　2014 年 3 月 17 日，哈佛史密松天體物理中心的天文學家約翰・柯瓦奇博士等人宣布，他們利用設置在南極的 BICEP2 探測器研究宇宙微波背景輻射時，直接觀測到了原初引力波的「印記」。2014 年 10 月，又有了進一步的消息，但尚未最後證實。詳情見本章第 4 節：探索引力波。

　　儘管與我們現實生活中的時間比起來，10^{-12}s 很短，但對光和引力波訊號來說，還是能走過 $300\mu m$ 左右的距離。電子的經典半徑數值只有 10^{-15}m 數量級，這段 $300\mu m$ 的短短距離中，已經足以容得下約 1,000 億個電子。何況那時連電子都還未能形成。所以，當我們算出這些數據之後，多少也能對物理學家為什麼要研究這「極早期宇宙」有了一點點理解。因為這段時間雖然極短，卻包含了大量可研究的內容。

　　大爆炸模型中的時間尺度很有趣，在極早期宇宙階段，討論的尺度是如此之小，而在談及宇宙的年齡（137 億年）時，又是如此之大，大到連誤差都是以億年計算！這個領域將物理學中極大（宇宙）和極小（基本粒子）的理論問題奇妙地融合在一起。

　　有很多方法來估計宇宙的年齡，圖 5-2-3 中簡略介紹了使用哈伯定律來計算宇宙年齡的過程。天文學中對宇宙年齡的計算涉及許多方面，從理論模型到觀測資料的準確度，都會影響計算結果。從理論的角度來

看，宇宙年齡基本上是和哈伯參數成反比的。但是，哈伯參數如何隨時間變化，就由所採用的理論模型而決定了。而某個時候的哈伯參數值，又與觀測的技術水準有關。此外，宇宙的年齡計算還與星系、恆星，以及地球等星體年齡的計算結果有關。所以，它不是一個簡單的問題。

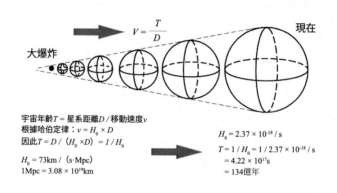

圖 5-2-3 宇宙年齡的估算

在「極早期宇宙」，以及被稱為「早期宇宙」的第 2 階段，都是量子物理大顯身手的地方。特別如剛才所述，極早期宇宙時代，量子和引力，兩個不怎麼相容的理論碰到了一起。對那個階段的研究，類似於對黑洞的研究，為量子引力研究開闢了一片天地。

遺憾的是，我們很難得到「極早期宇宙」傳來的訊息，因為大爆炸極早期的光波無法穿越稍後「混沌一團」的宇宙屏障。引力波倒是能夠穿過，這也就是為什麼 2014 年春天，哈佛科學家宣布收到「原生引力波」時，科學界激動不已的原因。

所謂「早期宇宙」的時間段，就比「極早期宇宙」要長得多了，40萬年左右，它包括「微波背景輻射」時期。比起人的壽命，40萬年很長很長了，但它卻大約只是宇宙現在年齡（137 億年）的 1/30000。所以，早期宇宙只算是宇宙的「孩童時代」。

3

永不消失的電波

發生在大爆炸後的 30 萬～ 40 萬年的「微波背景輻射」階段,是一段特別的時期。這段時期從兩個方面影響我們對宇宙早期歷史的探索。

其一,在這段時間之前,物質以高溫、高密的等離子體形式存在,天地混沌一片,星體尚未形成。光子、電子及其他粒子一起充滿整個宇宙,是一片晦暗的迷霧狀態。由於光子被粒子頻繁散射,平均自由程很短,形成了一道厚實的屏障,宇宙顯得不透明,使更早時期(即大爆炸開始～ 30 萬年之間)的光無法穿透這段時空,因而使人類對「微波背景輻射」之前 —— 諸如暴脹過程等的研究造成困難。

再者,隨著宇宙的膨脹,其溫度不斷降低。當宇宙年齡達到 38 萬年時,溫度降至 3,000K 左右,等離子體中的自由電子逐漸被俘獲,進入復合階段。光子的平均自由程也逐漸增加,宇宙變得透明。光子被電子等粒子散射,形成一種至今仍瀰漫於宇宙中的背景電磁波,即我們現在稱之為「3K 微波背景」的電磁輻射。這種可以被觀察、研究的大爆炸「餘暉」 ——「遺留輻射」,已經成為我們研究早期宇宙、發展宇宙論的基礎。

也就是說，宇宙長到 40 萬年左右的那段時間，正從孩童時代轉型為成人。它既提供給我們「微波背景輻射」，讓我們從中得以探索那時宇宙的種種形態，又以它不透明的身體，阻擋掩蓋了更早期的宇宙，不讓人們看到它更早時期「胚胎未成形」的模樣。

再後來，隨著宇宙膨脹，溫度逐漸下降，進入到「結構形成」階段。從 1.5 億年～ 10 億年，是再電離期間，宇宙的大部分由等離子體組成。再後來，逐漸形成恆星、行星、星系等天體，一直到我們現在看到的宇宙。

探測宇宙微波背景輻射，從中發現大爆炸的痕跡、宇宙演化的祕密，已經是現代天文學研究中最重要的實驗方法。這是宇宙中最古老的光。這些永不消失的電波，合奏了 137 億年 —— 一首最宏偉的宇宙交響曲。然而，儘管我們躋身於這美妙無比的旋律中，但人類的感官 —— 耳朵和眼睛，卻無法聽見和看到這些光，因為它們是在微波的範圍中。

正如前面所述，新澤西貝爾實驗室的兩位科學家，在無意中偶然第一次接收到了這些訊號。說是「偶然」也並不完全正確，因為從大爆炸的宇宙模型中，學者們早就預言了這種背景輻射的存在。接受探測、證實它們，只是早晚的事情 —— 就看幸運之神敲在誰的腦門上而已。

不過，在 1965 年，彭季爾斯和威爾遜的儀器「聽」到的第一聲背景輻射音樂還談不上美妙，事實上，它非常的單調。因為他們只探測到一種頻率，任何方向都一樣的一種頻率 —— 他們接收設備的「耳朵」太不靈光了，分辨不出其中所包含的美妙旋律！

如今，半個多世紀過去了，人類的技術越來越高超，還將探測設備從地面搬到了衛星上。

圖 5-3-1 中顯示了人類對微波背景輻射觀察的進展。圖中可見，1965 年的觀察結果是均勻一片，表現出 CMB 輻射是各向同性的，且對應的黑

體輻射溫度為 3K 左右，這為大爆炸假說提供了有力的證據。

　　1989 年，NASA 發射了宇宙背景探測者衛星（cosmis background explorer，COBE），圖 5-3-1 中顯示了 COBE 在 1992 年的探測結果。這是首次觀察到 CMB 在大尺度上的各向異性，圖中用不同顏色來表示這種只有 1/100000 數量級的漲落。各向異性來源於大爆炸後宇宙能量密度不規律的起伏。之後，這些隨機起伏像吹氣球般膨脹，最終才形成今天我們看到的星系團。美國國家航空暨太空總署的天體物理學家約翰·馬瑟（John Cromwell Mather）和加州柏克萊大學教授喬治·斯穆特（George F. Smoot）因領導了這項工作而共同獲得 2006 年的諾貝爾物理學獎。

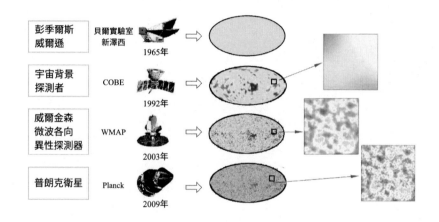

圖 5-3-1　微波背景輻射觀察的進展

　　科學家們發現，宇宙背景探測衛星從 CMB 中探測到的這些溫度漲落，包含著宇宙大爆炸早期的豐富訊息。因此，後來發射的威爾金森微波各向異性探測器（Wilkinson microwave anisotropy probe，WMAP）改進了設備，製作出高分辨率的起伏圖像，圖中所示為 2003 年的結果。從最右邊的圖像可以看出，WMAP 比起 COBE 來說，「聽」到的樂音又豐富多了。

　　你可能很難想像，從 CMB 的漲落可以檢測、驗證大爆炸模型中，極早期宇宙開始於極早瞬間的暴脹模型「暴脹 Λ 冷暗物質模型」。因為暴脹模型可以預測漲落的統計性質，因而研究 CMB 全天圖中不同區域的溫度起伏，可反映出宇宙早期密度起伏的狀況。因此，CMB 能顯現早期宇宙的圖像，是宇宙最大尺度的瞬間影像。

　　2010 年 10 月，WMAP 被移至一個以太陽為中心的「墓地」軌道，它的後續任務由 2009 年升空的普朗克衛星繼續。

4
探索引力波

　　牛頓的引力定律揭示了引力與物質的關係；而包括了萬有引力的廣義相對論，則將引力與空間的彎曲性質連結起來。與電荷運動時會產生電磁波相類比，物質在運動、膨脹、收縮的過程中，也會在空間產生漣漪，並沿時空傳播到另一處，這便是引力波。理論上來說，根據廣義相對論，任何作加速運動的物體，不是絕對球對稱或軸對稱的時空漲落，都能產生引力波。引力波存在的理論預言早在 1925 年就被提出。但是，由於引力波攜帶的能量很小、強度很弱，物質對引力波的吸收效率又極低，一般物體產生的引力波，不可能在實驗室被直接探測到。舉例來說，地球繞太陽轉動的系統，產生的引力波輻射，整個功率大約只有 200W，而太陽電磁輻射的功率是它的 10^{22} 倍。200W！這是照亮一個房間的電燈泡功率，可以想像散發到太陽 —— 地球系統這樣偌大的空間中，效果將如何？所以，地球 —— 太陽體系發射的微小引力波，完全無法被檢測到。

　　實驗室裡探測不到，科學家們便把目光轉向浩渺的宇宙。宇宙中存在質量巨大又非常密集的天體，超新星爆發、黑洞碰撞等產生強引力場的情況也時有發生，因而便有可能會發出能被探測到的引力波。1970 年

代末，兩位美國科學家因研究雙星運動，而間接證實了引力波的存在，並因此獲得 1993 年的諾貝爾物理學獎。

除了黑洞和超新星之外，另外一個超強引力環境存在於大爆炸初期。

原來普遍使用的、不包括暴脹理論的大爆炸標準模型，不能與所有天文觀測結果相吻合。1980 年，麻省理工學院科學家阿蘭·古斯（Alan Harvey Guth）等人提出「宇宙暴脹理論」，認為宇宙大爆炸後 10^{-35}s 左右，有一個急遽以指數膨脹的極短「暴脹」階段。在圖 5-4-1（b）中，可以看到紅線表示的標準模型與藍線表示的暴脹理論之間的差別。

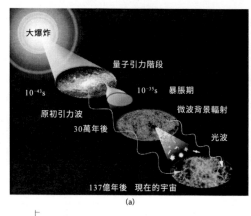

(a)

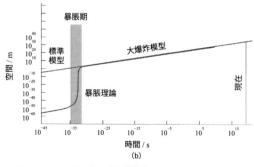

(b)

圖 5-4-1　大爆炸模型（a）和暴脹理論（b）

　　圖 5-4-1（a）所示的是包括暴脹理論的大爆炸宇宙演化過程。因為大爆炸開始於空間範圍極小的奇點，在最開始的 10^{-40}s 內，表現出顯著的量子效應和巨大的引力，被稱為「量子引力階段」。然後，宇宙進入暴脹時期：空間急遽變化、時空迅速拉伸、量子漲落也被極快速地放大，因而產生強度巨大的原初引力波。

　　大爆炸極早期的光波不能穿越「微波背景輻射」時期的宇宙屏障，但早年發出的引力波卻能穿越它，並被疊加在電磁輻射之中。因此，科學家們便期望能從如今觀測到的微波背景輻射中，探測到宇宙暴脹階段誕生的原初引力波。

　　哈佛大學在南極所設的 BICEP2 探測器便用來探測「微波背景輻射」。問題是：原初引力波經過微波背景輻射時，會留下什麼樣的腳印呢？答案是：它會使得光（或電磁波）產生一種特殊的偏振圖案。

　　科學家們根據理論上的預測和模擬，將微波背景輻射可能探測到的偏振圖樣分為兩大類。一類是旋度為零、散度不為零的部分（類似於電場），稱為「E 模」；另一種是散度為零、旋度不為零的部分（類似於磁場），稱為「B 模」。

　　E 模和 B 模的比較見圖 5-4-2。兩種偏振模式來源於不同的物理過程，取決於與電磁波相互作用的擾動類型，是標量、向量，還是張量？E 模偏振是由光波被電子等粒子散射時產生的，屬於標量或向量的作用，早已被觀測到。而 B 模偏振則是被原創時發出的引力波擾動留下的特殊印記，引力子的自旋為 2，它的印記屬於張量作用下形成的一種螺旋式特殊偏振圖案。從圖 5-4-2 可見，E 模沒有手徵性，B 模具有手徵性，有左旋和右旋兩種模式。從圖 5-4-2 也可看出，B 模偏振的分布圖的確與放在磁場中鐵屑的旋轉排列方式非常類似。

　　換言之，E 模所探測到的是大爆炸後 30 萬年時的宇宙混沌時期；而

B 模所探測到的卻是大爆炸之後 10^{-35}s 時的「暴脹」期。因而，B 模才是真正宇宙誕生時的「餘響」，是迄今為止，直接探測到來自於創世之初的原始訊息！如果能測量到原初引力波，意義非凡。首先，這意味著科學家們可以透過它來進一步探測和理解早期未成形的「胚胎宇宙」物理演化過程，為宇宙模型提供新的證據，使大爆炸模型及暴脹理論有更為牢靠的基礎。其次，過去的天文學，基本上是使用光作為探測方法，如果現在能觀測到引力波足跡，便多了一種探測方法，也許由此能開啟一扇天文學觀測方面新學科（引力波天文學）的大門。此外，大爆炸早期的宇宙模型、原初引力波的發射，都是建立在量子力學和廣義相對論的基礎上。如今探測到了原始引力波的訊號，就能再次證明這兩個理論的正確性，對基礎物理學的研究也將意義重大。

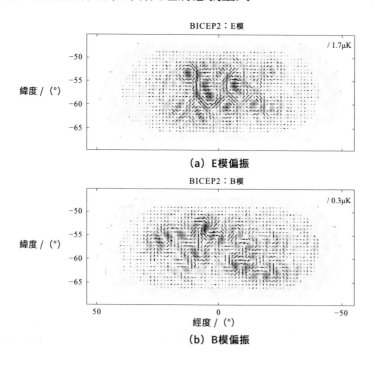

圖 5-4-2　微波背景輻射中的偏振

CMB 中的 B 模偏振訊號，即使被探測到，也是非常微弱的。其實，微波背景輻射本身也是相當微弱的電磁訊號。通常說的「3K」，便包含訊號的強度以及頻率的訊息在內。3K 的意思是說：微波背景輻射大致相當於絕對溫度為 3K 時的黑體輻射。這種輻射的頻譜是在 300GHz 附近的微波範圍，強度不過大約 10^{-17}W/（$m^2 \cdot$ Hz），是很微弱的訊號，見圖 5-4-3。

B 模偏振訊號又比微波背景訊號的強度小了 7 ～ 8 個數量級，因而探測起來更是難上加難，猶如大海撈針！加州理工學院已故的天體物理學家安德魯・朗格便曾經將尋找 B 模偏振描述成「宇宙中最徒勞無益的追尋」。安德魯・朗格曾經指導過許多研究微波背景輻射的學生，包括哈佛大學的約翰・柯瓦奇博士。正是安德魯鼓勵約翰參與南極 BICEP1 望遠鏡的安裝與操作工作。後來，約翰成為 BICEP2 望遠鏡的首席科學家，並試圖用它觀察原初引力波，但遺憾的是，安德魯卻在 2010 年 53 歲時因憂鬱症而自殺。約翰對記者說到安德魯：「他如果看到我們的研究成果，一定會非常高興，我們已經證明這不是徒勞無益的研究。」

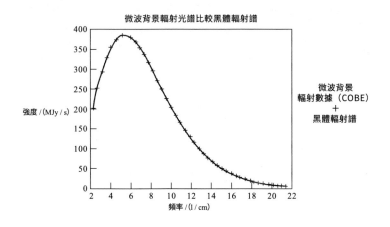

圖 5-4-3　CMB 的黑體輻射光譜

5

暗物質

曾幾何時，我們認為我們已經發現了宇宙中所有物質組成的成分。它們的大名或被列在元素週期表上，或被列在基本粒子表中。然而，天文觀測的最新結果給我們當頭一棒。根據普朗克衛星於 2013 年公布的資料，我們的宇宙中，只有很少的一部分 —— 大概 4.9% 左右，是常見的、熟悉的普通物質，有大約 1/4（26.8%）是一種看不見、摸不著，至今尚未弄清楚的暗物質。更不可思議的是，其餘的 68.3%，連物質都談不上，是某種無孔不入、無處不在的所謂「暗能量」（圖 5-5-1）。

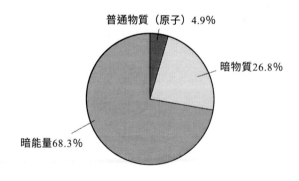

普通物質（原子）4.9%

暗物質26.8%

暗能量68.3%

圖 5-5-1　暗物質與暗能量占比

　　實際上，暗物質的說法並非現在才有。早在 1932 年，荷蘭天文學家楊‧歐特就已經提出。幾 10 年前，宇宙學家們透過天文觀測和理論研究發現，宇宙中除了普通物質之外，還存在著一種看不見的物質。科學家們之所以將其稱為「暗物質」，就是因為它們看不見，不像普通物質那樣，能對光波或電磁波有所反應。我們平時所見的普通物質，無論藏身何處，燈光一照便現出原形。即使普通的燈光照不到，人類還有紫外線、紅外線、X 射線、伽馬射線等各種頻率的無線電波。但是，現在發現的暗物質，似乎對這些「光」都視而不見，完全無動於衷。

　　這時，恐怕你又會有疑問了。既然看不見，科學家們又如何知道它們確實存在呢？那是因為它們雖然看不見，但仍然具有「引力」作用，仍然符合廣義相對論的預言，造成了時空的彎曲。歐特在 1932 年第一次發現他的天文觀測結果與引力理論不符合時，就是根據觀測結果計算出的引力大於理論值，好像是某些具有引力作用的物質「缺失」了。

　　暗物質存在的最有力證據是天文學家觀測星系時發現的「星系自轉問題」。恆星或氣體圍繞星系的核心轉動，對星系本身而言，叫「星系自轉」。根據引力理論，無論是牛頓引力或廣義相對論，都可以預期在足夠遠的距離上，環繞星系中心天體的平均軌道速度，應該與軌道至星系中心距離的平方根成反比（圖 5-5-2）。但實際上的觀測結果卻不是如此。

　　天文學家們一開始研究星系就遇到了物質「缺失」的問題。星系中有大量的恆星運動可供研究，比如，仔細用望遠鏡觀察我們所在的銀河系，能看到幾千億顆恆星！難怪古人將它視為一條流不盡的河流，只不過其中不是水分子，也不是牛奶，而是成萬上億顆星星！

　　為天體稱重、估算星系的總質量，是天文學家們喜歡、且常玩的遊戲之一。但怎樣才能「稱」出天體，甚至是整個星系的重量呢？方法之

一就是研究星系的旋轉。星系有點像一個兒童遊樂場裡孩子們喜歡坐的旋轉木馬。想維持旋轉木馬一定的轉動速度，電力需要做功，消耗電力的多少，與坐在各個木馬上小孩的重量分布有關。星系中物體運動的穩定性要靠引力來維持。星系中的恆星，距離星系中心的位置各有不同，它們繞星系中心旋轉的速度也各不相同。恆星的運動速度可以根據人們在地球上觀察這些恆星發出的光線紅移效應來測定。然後，可以將恆星的轉動速度表示成恆星與星系中心距離的函數，這個函數曲線叫星系的「自轉曲線」。

薇拉·古柏·魯賓（Vera Cooper Rubin，1928 ～ 2016）是猶太裔的美國天文學家，是研究星系自轉速度曲線，繼而發現暗物質存在證據的先驅。當薇拉還是一個小女孩時，就對星星痴迷，立志研究天文，後來歷經波折，終於成為一名天文學家。薇拉在攻讀碩士學位期間，有幸得到諾貝爾獎得主 —— 理查·費曼及貝特等人的指導；讀博士期間，她又師從大爆炸宇宙論的奠基人之一 —— 喬治·伽莫夫。這些經歷使她在求學期間奠定了牢靠的理論基礎，以及百折不撓、實事求是的科學態度。

（a）美國天文學家薇拉·古柏·魯賓

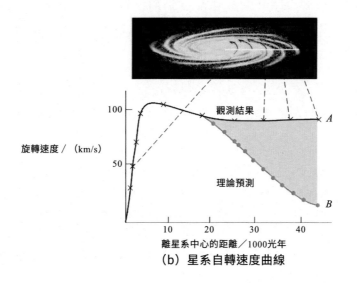

（b）星系自轉速度曲線

圖 5-5-2　薇拉・古柏・魯賓觀察到星系自轉問題

　　薇拉後來成為卡內基科學研究所地磁部的首位女研究員。在那裡，她與一位電磁波儀器專家合作，進行了一系列重要的天文觀測，特別是對仙女座中星體運動的觀測，引起了天文界的注意。

　　天文界的同行希望他們的論文能立即發表。但有個問題一直困擾她和福特：他們的觀測數據顯示出一些與理論不符合的結果。

　　根據圖 5-5-2（b）所示的「理論預測」曲線，當恆星離星系中心距離比較大的時候，旋轉速度隨著距離的增大而減小，其原因是距離越遠，引力越弱。如果恆星運動速度太大的話，引力不足以拉住跑得太快的恆星，無法將恆星保持在原來的軌道上，恆星便會飛出這個系。但是，薇拉和福特的實驗結果卻是另外一條曲線，即圖 5-5-2（b）中所示的「觀察結果」曲線。也就是說，天文觀測的結果顯示，星系邊緣的旋轉速度並不隨著離中心距離的增大而減小。後來，薇拉和福特又對其他星系進

行了相似的觀測，所有的數據都得到類似的結論。多次觀測結果的一致，證實這其中一定有某種不為人知的新規律存在。這時，薇拉等人才寫了一篇重要的文章，將觀測結果公布於世。

從圖 5-5-2（b）中兩條曲線之間的差異可見，實際上遠處恆星具有的速度，比理論預期值大很多。恆星的速度越大，拉住它所需的引力就越大，這更大的引力是哪裡來的呢？

解決矛盾的方法有兩個：一是修改引力理論；再者是假設有某種額外的未知物質存在，提供了這部分額外的引力。修改引力理論不是不可以，只是沒有找到更好的引力理論能替代原來的萬有引力定律和廣義相對論，又能夠解決所有新的問題。第兩種解決方案實際上就是暗物質的設想。

支持暗物質存在的另一個有力證據，來自下一節將要介紹的引力透鏡（重力透鏡）。

6

引力透鏡（重力透鏡）

　　望遠鏡的發明對天文觀測而言太重要了。沒有高靈敏度的天文望遠鏡，人類不可能獲得這麼多的天文知識。人眼觀測的範圍極其有限，因而，可以毫不誇張地說，人類對宇宙的真正了解起源於望遠鏡。如果你希望你的孩子學點天文，第一個要買的實驗儀器，就應該是望遠鏡。但是，在研究暗物質熱潮來臨的同時，人們發現，大自然早就造好了許多望遠鏡。它們赫然掛在黑暗的天邊，等待人類去學會使用它們。

　　光學望遠鏡的關鍵元件是透鏡。透鏡的原理是：因光線透過玻璃時產生折射，而偏離直線路徑彎曲所致。根據廣義相對論，光線走過引力場附近時，也會發生偏轉，這樣的話，在某種情況下，引力場就能造成和光學透鏡類似的作用，即產生「引力透鏡」的效應。

　　引力透鏡不同於光學望遠鏡中的透鏡（圖 5-6-1（a））。首先，它不是用玻璃之類的光學材料做成的，而是由具有引力作用的「物質」構成的。第 2 個不同，是它的大小，它完全不是那種我們能拿在手上把玩，或能用機器加工出來的光學元件。引力透鏡大到你難以想像的地步。比如，充斥在銀河系周圍的暗物質量，就可以當作是引力透鏡，它的範圍從銀河系中心算起為 100,000 ～ 300,000 光年。也就是說，這個「尺寸」

之大，連光也得走 100,000～300,000 年！

　　引力透鏡還有一個不同於光學透鏡之處，即它不可能像人工加工的透鏡那麼「標準」。天文學家們觀測到經過星系這個巨型透鏡之後所成的像，一般都是變形、放大、扭曲的。天文學家們需要根據這些影像，加上別的觀測資料，還原出有用的訊息來。

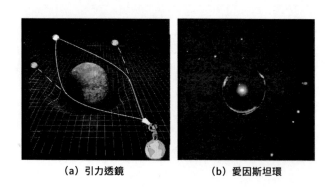

(a) 引力透鏡　　　　　　(b) 愛因斯坦環

圖　5-6-1

　　還是愛因斯坦本人最了解他的相對論。他在 1936 年就提出用恆星作為引力透鏡的想法。但他同時又認為，可能因成像的角度太小，而實際上無法觀測到這種效應。但後來，有天文學家提出，如果以星系作為透鏡，則存在被觀測到的可能性。但真正證實愛因斯坦透鏡觀測想法的，是在他已經離世 20 多年之後的 1979 年的英國天文學家卡斯韋爾（Carswell）。

　　如今，當暗物質和暗能量成為 21 世紀初（這 10 幾年）最大科學之謎的時候，引力透鏡，這個大自然賜予人類的天然望遠鏡，成為眾人矚目的新型天文觀測方法。它至少有兩個方面的用途，下面分別討論。

　　一方面是真正當作「望遠鏡」來使用，它能使我們觀測到非常遙遠

的星系。

　　為什麼要觀察很遙遠的星系呢？因為觀測更遙遠的星系，就等於是觀測更早期的宇宙圖景。比如，現在接收到的、距離為 100 億光年遠的星系光，正是它在 100 億年之前所發出的，也就是大爆炸之後 37 億年左右發出來的光。那時候，星系正處在逐漸形成的階段。這些早年的光，透過引力透鏡的放大作用，被我們捕獲到，這樣就使我們能了解到早期星系形成和演化的過程。

　　在 2012 年年初，芝加哥大學的天文學團隊，借助哈伯太空望遠鏡，拍攝到一個近 100 億光年遠星系團的引力透鏡影像（圖 5-6-2），其中包括一條 90° 左右的透鏡弧。這個太空中的天然透鏡，幫助哈伯望遠鏡擴展了它的觀測距離。天文學家本來就是「眼光」看得最遠的科學家，有了引力透鏡，更是如虎添翼。現在，他們「一眼」看過去，就是上億光年。引力透鏡讓我們得以了解到，當宇宙只有大約現在 1/3 年齡時，星系是如何演化的。

圖 5-6-2　RCS2 032727-132623 星系團的引力透鏡影像

另一方面，引力透鏡是我們研究暗物質的重要方法。因為我們看不見暗物質，這些我們知之甚少的東西，僅僅透過「引力」效應 —— 這個唯一的方式 —— 與我們交流訊息。為了這個目的，我們仍然需要使用光學望遠鏡，在茫茫太空中尋找引力透鏡的蛛絲馬跡。找到了這些引力透鏡形成的影像，再來考察這些引力透鏡是否是由暗物質構成的，從而研究它們，繪出它們在宇宙中的分布情況。換言之，我們用光學望遠鏡無法看到的暗物質，在引力透鏡下卻藏不住，讓人類抓住了它的尾巴！

　　從引力透鏡暴露出的暗物質，存在的證據有哪些呢？圖 5-6-1（b）中所示的愛因斯坦環便是一例，那張圖中的圓環圖像很清楚。大多數情形下，只能判斷出一小段圓弧，或是表現為「愛因斯坦十字」等特殊景象，請見圖 5-6-3。

　　圖 5-6-3（c）是銀河系暗物質暈的示意圖。暗物質暈環繞在星系外圍，如同太陽圈包圍著太陽。目前，認為銀河系中恐怕有 95% 的質量都是由暗物質組成的，它們散布在星系的外圍，卻主宰著星系的動力學。有人認為遍布宇宙的暗物質，是恆星和星系所賴以支撐的框架。大爆炸之後，暗物質像框架一樣，把星系維繫在一起。

  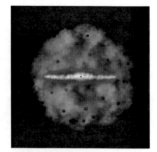

（a）透鏡圓弧　　　　　（b）愛因斯坦十字　　（c）銀河系的暗物質暈（灰色部分）

圖 5-6-3　引力透鏡和暗物質

　　利用引力透鏡對遙遠星系及暗物質的探索，就像是一個精彩的偵探故事。對星系早期歷史的了解，幫助我們探索暗物質，而暗物質的分布情況，又給予我們更多的線索，去研究星系的形成過程。就像一隻躲在洞裡的狐狸，開始時，露出一點點尾巴，被人輕輕拉一下，便露出更多，拉來拉去，最後便被拉出洞來，原形畢露，而洞中的詳情也暴露無遺。隨著科學技術、探測方法的改善和發展，天文學中的暗物質、暗能量探索，已經成為近年來科學界中異常活躍的領域。也許曙光就在眼前，正等待著年輕科學家們的積極參與。

　　目前，人們已經有許多證據證實暗物質的存在，但它們到底是什麼？科學家們列舉了很多可能組成暗物質的「候選者」。

　　實際上，暗物質中可能有一部分是既不發光也不吸收光，僅僅產生引力效應的普通物質，即質子、中子和電子。但經過研究可知，這些只會占其中的一小部分，為20%左右。這可能是哪些物體呢？比如，褐矮星、白矮星、中子星、黑洞等。

　　暗物質的其他可能性，包括各種可能的中微子，以及由粒子對稱理論所預言的、可能存在的其他粒子，或完全是我們知識之外的東西。

7

暗能量

　　暗能量登上歷史舞臺的動力，來自於我們觀察到宇宙加速膨脹的事實。2011 年的諾貝爾物理學獎，頒發給美國的 3 位天文學家：索爾·普爾馬特（Saul Perlmutter）、布萊恩·施密特（Brian Paul Schmidt）與亞當·里斯（Adam Guy Riess），以表彰他們「透過觀測遙遠超新星而發現了宇宙加速膨脹。」

　　以上 3 位天文學家發現的是宇宙的「加速」膨脹，而第一個觀察到宇宙在膨脹這件事情的是美國天文學家愛德溫·哈伯。正是宇宙膨脹的事實，引導科學家們提出了大爆炸的理論，才有我們現在對宇宙進化過程的一系列圖景。因而，哈伯是有足夠資格獲得諾貝爾獎的。但是，在那個年代，天文學被諾貝爾獎委員會排除在物理學之外，而諾貝爾獎中又沒有「天文」這個獎項。哈伯不幸於 1953 年 64 歲時死於心臟病。據說在他去世後不久，諾貝爾獎委員會改變了主意，決定將天體物理包括在物理學獎的範圍之內。但對哈伯個人來說，已經為時已晚。所以，不是哈伯錯過了諾貝爾獎，而是諾貝爾獎錯過了哈伯。

　　後來，歷史上第一次以天文學研究成果獲得諾貝爾物理學獎的，

是瑞典的科學家阿爾文（Hannes Alfvén，1908 ～ 1995），他因為對宇宙磁流體動力學的建立和發展所作出的貢獻，而榮獲 1970 年諾貝爾物理學獎。

1919 年，哈伯來到了南加州的威爾遜天文臺，開始了他探索宇宙深處的天文生涯。他本是一個瘦高、擅長運動的人，但身為一位科學家，他視他的天文觀測數據如上帝，每次上觀測臺工作時，都是西裝革履、一絲不苟，穿得像個英國貴族。他操著一口牛津英語，經常含著一支菸斗，初見面的人會以為他是一個英國紳士，其實他是一個土生土長的美國人，不過大戰之前在英國學過好幾年法律而已。總之，在哈伯的助手和研究生眼中，這是一個不帶個人色彩、嚴謹冷漠的瘋狂學者，也許這就正是他的個人色彩，也是他的個人魅力所在。

哈伯是第一個「望」到銀河系之外的人。當他初到威爾遜天文臺時，當時的天文界權威得意地告訴他，他們已經估算出銀河系的大小，邊界距離中心在 30 萬光年左右。當時大多數天文學家認為，這大概就是觀測的極限，也差不多是宇宙的極限了。但哈伯根本不相信這種觀點。幾年後，他用威爾遜山上、當時世界上最大的天文望遠鏡 —— 100in 的虎克望遠鏡，證實了銀河系不過是宏大宇宙中的一顆小小砂粒，除了銀河系這個極其普通的成員外，宇宙還有好多好多類似的星系。當時的哈伯至少已經「看」到了距離銀河系百萬光年遠的星系！

又過了幾年，哈伯又有了新結果：所有的星系都在不停地互相遠離。那情景有點像一顆炮彈爆炸時的情形，即所有的碎片向外飛奔。但炮彈碎片最終會因為地球的引力而掉落地面、靜止下來；而宇宙中的星系卻是互相飛離得越來越遠、越來越遠……。

哈伯用他那不帶感情的機器般聲調，向全世界宣布了他的觀測結果。這個消息非同小可，甚至震驚了遠在德國的愛因斯坦，因為哈伯的

結果證明了一個膨脹的宇宙。這種宇宙圖景本來是廣義相對論可以預測的結果，但愛因斯坦在這一點上似乎少了點洞察力——他甚至還為了滿足當時公認的靜態宇宙圖景，而在他的方程式中加上了包括宇宙常數的一項。可是現在，哈伯的結果讓他喜悅和羞愧參半，有點不好意思面對。愛因斯坦既為自己理論的成功而歡喜，又為自己「錯誤」地畫蛇添足而難堪。無論如何，他很快宣布撤銷他公式中的宇宙常數一項，以保英名。

1931 年，愛因斯坦正好有機會第二次到美國訪問，那是在加利福尼亞州理工學院，離威爾遜天文臺不遠的地方。於是，在講學之餘，愛因斯坦馬不停蹄地趕去見哈伯。圖 5-7-1（a）中，一頭亂髮的愛因斯坦，目不轉睛地盯著望遠鏡，也不知道他從中看到了些什麼。

(a) 1931年的愛因斯坦與哈伯

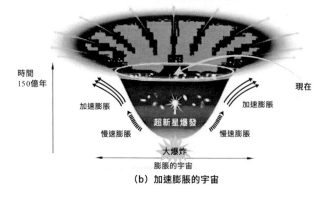

(b) 加速膨脹的宇宙

圖 5-7-1

　　宇宙常數在引力場方程式中產生什麼作用呢？回到本章開頭的式（5-1-1）。愛因斯坦在這個公式中，將宇宙常數一項放在等號左邊，但我們不妨把它移到等號右邊。這樣，方程式變為

$$R_{\mu\nu} - \frac{1}{2}Rg_{\mu\nu} = 8\pi GT_{\mu\nu} - \Lambda g_{\mu\nu}$$

　　現在，等號的右邊有兩項：原來的能量動量張量，加上宇宙常數一項。因為這一項的前面有個負號，如果宇宙常數為正值，它的作用便應該與原來的能量動量張量的作用相反。能動張量的作用是產生與萬有引力等效的時空彎曲，而宇宙常數一項是負值，其效果便與原來正常物質產生的吸引力相反，在長距離時相當於某種排斥力的作用。因而，有時被稱為「反引力」或「負壓強」。愛因斯坦原本以為在引力的作用下，宇宙可能會因為互相吸引、塌縮而導致不穩定，因而才加上了這個大距離時的反引力來平衡它，使宇宙成為一個不膨脹也不收縮的「穩態」。

　　但後來，傅里德曼等人證明了引力場方程式的解，本來就預示著宇宙是膨脹的，不需要加入多餘的宇宙常數，而現在哈伯的觀測結果也支持這個膨脹宇宙的理論，還要這個宇宙常數做什麼呢？愛因斯坦果斷地把它扔進了垃圾桶！

　　後人繼續哈伯對宇宙膨脹的研究，天文學家們透過觀察遠處的星系來研究早期宇宙。觀察遠處的星系需要極為明亮的天象，超新星的爆發就能提供這種觀測條件，從而於 20 世紀末誕生了超新星宇宙學。歷史很快走到了 1998 年。一個到澳大利亞觀測超新星的天文團隊，以及美國加州柏克萊國家實驗室的一個超新星天文研究團隊，採用不同的觀測方法，都根據他們各自的觀測數據，得出了宇宙正在加速膨脹的結論。如何解釋這種「加速膨脹」呢？天文學家提出了多種理論模型，暗能量的存在是其中之一，也是比較流行的一種。但是，在解釋為什麼存在

如此大比例的暗能量時,有人又想起了被愛因斯坦丟棄的宇宙常數。真是造化弄人,這垃圾桶裡撿回來的似乎還滿好用的,能夠解釋不少觀測結果。

圖 5-7-2 (a) 的數條曲線描述了宇宙常數 Λ 的數值對宇宙模型的影響。從中可以看出,宇宙常數 Λ 等於 0 時,對應於那條紫色曲線。當時間從現在增大時,這條曲線增長越來越慢,表示宇宙的膨脹速度將減小。當 Λ 大於 0 時,宇宙有可能加速膨脹。

雖然根據愛因斯坦的質能關係式:$E = mc^2$,質量和能量可以視為物質同一屬性的兩個方面,但它們在宇宙構造成分中的具體表現,還是大不相同的。也就是說,暗物質和暗能量兩個概念,在本質上有所差別。

暗能量和暗物質的共同點是它們既不發光也不吸收光,兩者都只對引力產生作用。然而,暗物質是引力自吸引式的,在這方面與普通物質類似;暗能量的作用卻類似於長距離的自相排斥和空間擴展。從這個意義上,它們的作用將互相制約而無法互相替代。另外,暗物質能像普通物質一樣成團分布,似乎是形成星系時的支撐框架;暗能量看起來在宇宙中,卻基本上是均勻分布、無處不在、無孔不入的。

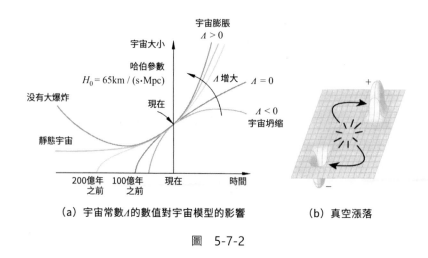

(a) 宇宙常數 Λ 的數值對宇宙模型的影響　　(b) 真空漲落

圖 5-7-2

　　暗能量到底是什麼樣的能量？它是如何產生的？這種「排斥力」的本質是什麼？它是否可以包括到現有理論的 4 種作用之中？還是屬於它們之外的一種新的基本力？目前還無法明確地回答這些問題。有人猜測它實際上就是量子場論中所描述的真空漲落（圖 5-7-2（b）），但是計算的結果卻並不完全支持這種解釋，因為算出來兩者的數量級相差甚遠。真空漲落要比暗能量大了 120 個數量級。因此，到此為止，我們只能說，尚無完美的理論能解釋暗能量，天文學家和物理學家們仍在繼續努力中。

8

路在何方

　　談到物理學史時，我們常常說到 20 世紀初物理學天空的兩朵烏雲，一朵發展為量子力學，一朵發展成相對論。100 多年來，這兩個理論分別在理論物理學中的兩個極端：微觀世界和宇觀世界中叱吒風雲。然而，當它們碰到一起時，卻顯得水火不容，幾乎弄得物理學家們啞口無言、手足無措。

　　歷史總是呈現某種螺旋式循環。有時，事情轉來轉去，又回到看起來非常古老的問題。如今我們碰到的問題是：世界是由什麼構成的？100 多年前，人們就相信所有的物質都是由原子組成的，但那時對原子結構的細節卻知之甚少。直到 1911 年拉塞福提出原子的行星模型，才使人們能夠在腦海中對原子勾畫出一個具體、直觀的圖像。而近 50 ～ 60 年來粒子物理的發展，使我們了解到更深層的物質結構。粒子物理的標準模型告訴我們，我們能觀察到的所有一切物質，包括地球、太陽、星星，都是由 12 種基本粒子組成的，其中包括 6 種夸克和 6 種輕子，可以將它們分成四個家族。

　　然而，近年來宇宙學的長足進展，又給理論物理學提出了許多新問

題。特別是宇宙學家們對宇宙物質成分絕大部分是暗物質和暗能量的新看法，完全是標準模型未曾預料到的。物理學家們好像又回到了 100 多年前的困惑，不過這次面對的不是原子，而是暗物質和暗能量。這些奇怪的「暗貨」，占據了宇宙 96％ 的成分，主宰了宇宙的動力學，關係著宇宙的過去和未來。物理學家接受它們的存在，卻不知道它們究竟是什麼。

　　科學的規律永遠如此，任何時候都有數不清的疑問和困惑。正如人們所說：疑問和困惑才能啟發靈感，危機就是轉機和生機。或許，暗物質和暗能量就是新時代天空中的兩片烏雲，它們有可能引發物理理論新的革命。當感覺「山重水複疑無路」時，才有可能迎來「柳暗花明又一村」的景象。

　　也有學者認為，相對論和量子理論本來就只是 20 世紀尚未完成的物理學革命的第一步。從這兩個理論的研究，繼而提出「引力量子」統一理論，才是 21 世紀物理學中真正的難題。只有徹底解決這個問題，才能解決宇宙學中的暗物質和暗能量等問題，這似乎又有點類似於愛因斯坦後半生所追求的統一之夢。當然，此夢非彼夢，時間已經過去了大半個世紀，無論是在基礎物理學的理論方面，還是在宇宙學、天文學的實驗觀測方面，都有了許多愛因斯坦無從預料的進展和結果。不過，追求統一理論的願望是一致的。也許這是一個只能無限逼近，但卻永不可及的遙遠目標，是上帝精心策劃的造物祕密之一，它讓物理學家們前仆後繼、孜孜以求、永不放棄，追尋那個渺茫又美麗的夢。不過，物理學家們心甘情願、義不容辭，因為他們從尋夢中滿足自我，得到了無窮的樂趣。

　　物理學家們試圖從不同的途徑來邁向大統一之路，有的人從量子理論開始，想將相對論含括進來，這條路發展出了弦論；有的人從廣義相

對論出發，想將經典引力理論量子化，然後再修正量子理論；有的人則傾向於乾脆放棄原來的兩個理論，另闢蹊徑。這麼多條道路，有時分道揚鑣，有時又會聚在一起。無論走哪一條路，基本的要求是既要考慮愛因斯坦理論中「新穎的時空觀」，也得兼顧量子論中的「奇談怪論」；需要既是物質的理論，又是時空的理論；既能詮釋微觀粒子的運動，又能解釋宇宙演化的歷史；能夠包羅各種理論，解釋所有實驗結果。這是一個艱巨的任務。

　　前進的方向很多，曙光也許就在前方。何時才能到達勝利的彼岸呢？這取決於年輕一代科學家的加入和努力。

附 錄

附錄 A
伽利略變換和勞侖茲變換

我們生活在一個三維空間中，如果再加上時間，便成為四維，通常可以用直角坐標系 $(x，y，z，t)$ 來表示。如果有兩個相對作勻速直線運動的坐標系 $(x，y，z，t)$ 和 $(x'，y'，z'，t')$。為不失一般性，我們可以假設第 2 個坐標系相對於第 1 個坐標系在 x 方向上以速度 u 作勻速直線運動，如下左圖所示：

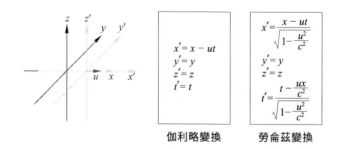

$$x' = x - ut$$
$$y' = y$$
$$z' = z$$
$$t' = t$$

$$x' = \frac{x - ut}{\sqrt{1 - \frac{u^2}{c^2}}}$$
$$y' = y$$
$$z' = z$$
$$t' = \frac{t - \frac{ux}{c^2}}{\sqrt{1 - \frac{u^2}{c^2}}}$$

伽利略變換　　　勞侖茲變換

一個運動質點在兩個坐標系中的位置和時間分別為 $(x，y，z，t)$ 和 $(x'，y'，z'，t')$，這兩組數值之間應該滿足一定的變換關係，以使得物理定律在兩個坐標系下具有相同的形式。

對牛頓定律而言，上面中間一圖所示的伽利略變換就可以達到目

的。但在相對論中，也就是速度 u 接近光速時，便需要代之以上面右邊一圖所示的勞侖茲變換。

　　狹義相對論基於光速不變的假設以及相對性原理而建立。勞侖茲變換可由上述兩個原理推導出來。

張量

　　張量的概念是「標量」、「向量」、「矩陣」概念的推廣。標量也就是數量，或者可稱為「0 階張量」，由 1 個數值決定。向量的概念最初來源於物理中的速度、加速度、力等，定義為既有大小、又有方向的物理量，也就是 1 階張量。在我們的三維坐標空間中，向量可以用三個數值來表示。三維空間的 2 階張量，是一個 3×3 的矩陣，可用 9 個數來表示。

　　上面的定義可以推廣到 n 維空間：0 階張量是 n 維空間的標量，用 1 個數 a 表示；1 階張量是 n 維空間的向量，用 n 個數表示，即有 n 個分量，記作 a^i；2 階張量是 n 維空間的方矩陣，有 n^2 個分量，記作 a^{ij}；m 階張量則有 nm 個分量，記作 $a^{ijk\cdots}$。

　　實際上，張量的定義除了分量的數目之外，在坐標變換下還需要以一定的規律變化。根據張量的變換規律，張量有協變、逆變、混合之分。我們在此不介紹太多，僅以向量為例簡單說明，有興趣的讀者可以參見相關文獻。

　　如果某向量的分量按照和協變坐標基矢 e_i 相同的變換規律「協調一致」地變換，這樣的向量叫「協變向量」，指標寫在下面，記為 V_i。如果某向量的分量按照和坐標基矢 e_i 變換的「轉置逆矩陣」的規律而變

換，這樣的向量叫「逆變向量」，指標寫在上，記為 V^i。其他階張量的指標也是按照類似的規律來分成「協變」或「逆變」，從而決定該指標寫在「下」或「上」。

根據剛才所述的指標「上下」的約定，圖 B-1 中所示的張量指標全部寫在上面，因而都是逆變張量。舉一個協變張量的例子：g_{ij} 兩個指標都在下面，是一個 2 階協變張量。此外 R^{ij}_{kl} 則是一個 4 階的混合張量。

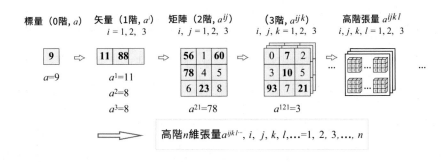

圖 B-1　張量的坐標分量

實際上，將張量附上指標，用它的分量來描述張量在一定坐標系下的表達式。張量本身是不以坐標系的選取而變化的。可以舉一個二維位置向量的例子來說明這點。

圖 B-2（a）中所示的位置向量 R，也就是一個二維 1 階張量，在坐標系（x，y）中表示為（3，4），在旋轉了 28° 的坐標系（x'，y'）中則表示為（4.3，2.5）。

從圖 B-2（a）中可見，對同一個位置向量 R，不同的坐標系有不同的分量表達式。圖 B-2（a）中所示的兩個坐標系都是直角坐標系。但在二維平面中，除了使用直角坐標系外，還可以用極坐標，或者是任意的

曲線坐標,如圖 B-2(b)所示。曲線坐標的情況下,情況便更複雜。同樣一個向量,即使對同一個坐標系,一個向量可以用它的逆變分量表示,也可以用它的協變分量來表示。不過,對直角坐標系而言,逆變和協變分量的數值沒有區別,但在曲線坐標情況下,兩組分量便有所不同。圖 B-2(c)給予協變向量和逆變向量直觀的幾何意義。同一個向量 V,可以用對坐標平行投影的方法表示成逆變向量分量 V^i,也可以用對垂直坐標投影的方法表示成協變向量分量 V_i,即

$$V = V^i e_i = V^i e_i$$

這個表達式用了一個科學界常用的約定俗成叫法,叫「愛因斯坦求和約定」。它說的是:如果像在上面的式子中那樣,指標 i 出現兩次(一上一下),就是對指標的所有可能取值求和。

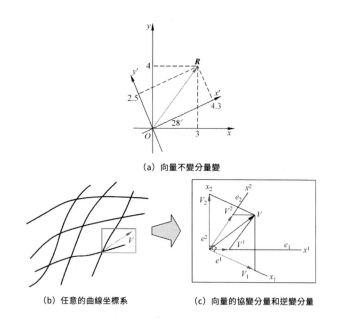

(a) 向量不變分量變

(b) 任意的曲線坐標系

(c) 向量的協變分量和逆變分量

圖 B-2 任意坐標下的協變向量和逆變向量

度規張量

弧長是最基本的內蘊幾何量。在歐幾里得空間的直角坐標系中，很容易根據勾股定理計算一小段弧長，即弧長的微分。比如，二維直角坐標系 $(x，y)$ 中弧長微分的平方可以表示為

$$ds^2 = dx^2 + dy^2$$

推廣到 n 維歐幾里得空間的直角坐標系 $(x^1，x^2，\cdots\cdots，x^n)$，弧長微分的平方則為

$$ds^2 = (dx^1)^2 + (dx^2)^2 + \cdots\cdots + (dx^n)^2，$$ 仍然是坐標微分平方的簡單求和。

然而，對於非直角坐標系，表達式可能就複雜了，比如，在二維極坐標系 $(r，\theta)$ 中，

$$ds^2 = dr^2 + r^2 d\theta^2$$

推廣到更為一般的情況，弧長微分的平方可以寫成

$$ds^2 = \sum_{i,j=1}^{n} g_{ij}\, dx^i\, dx^j$$

式中的 g_{ij} 是一個 2 階對稱張量，稱為「度規張量」。2 階度規張量

可以被理解為我們更熟悉的方形「矩陣」。度規張量的對稱性，是由它上述的定義所決定的。任何矩陣都可以分解成一個對稱矩陣和一個反對稱矩陣之和。根據以上度規的定義可知，gij 的反對稱部分對 ds2 的貢獻為 0，所以，度規張量可以被認為是一個對稱矩陣。

　　歐氏空間中的度規張量是正定的。相對論中使用的閔考斯基時空是歐氏空間的推廣，閔氏空間仍然是平坦的，但度規不正定。矩陣為「正定」的意思可以理解為：這個矩陣的所有特徵值都是「正」的。歐氏空間度規的正定性，意味著實際空間中距離（弧長）的平方是一個正實數 $ds^2 = dx^2 + dy^2 + dz^2$。閔考斯基時空的度規仍然是對稱的，但卻不是正定的：$d\tau^2 = dt^2 - dx^2 - dy^2 - dz^2$，其度規的非正定性是因為混合了空間坐標和時間坐標。

　　附錄 B 中所定義的向量（或張量）的協變分量和逆變分量，可以透過度規張量 g_{ij} 互相轉換：

$$V_i = g_{ij}V^j$$

協變導數

問題：如何對表達式（D-1）中的向量場 V 求「導數」？

　　假設式（D-1）描述的是歐氏空間的一個向量場 V，如果使用笛卡兒直角坐標系，基矢 e_α 是整個空間不變的，對 V 的導數只需要對分量 V^α 求導就可以了，得到如式（D-2）所示的結果。但是，對一般的流形，或者是平坦空間的曲線坐標（極坐標），坐標架和基矢 e_α 逐點變化時，對 V 的導數就還必須考慮 e_α 的導數。根據乘積求導的萊布尼茲法則，得到式（D-3）。

$$V = V^\alpha e_\alpha \tag{D-1}$$

$$\frac{\partial V}{\partial x^\beta} = \frac{\partial V^\alpha}{\partial x^\beta} e_\alpha \tag{D-2}$$

$$\frac{\partial V}{\partial x^\beta} = \frac{\partial V^\alpha}{\partial x^\beta} e_\alpha + V^\alpha \frac{\partial e_\alpha}{\partial x^\beta} \tag{D-3}$$

$$\frac{\partial e_\alpha}{\partial x^\beta} = \Gamma^\mu_{\alpha\beta} e_\mu \tag{D-4}$$

$$\Gamma^\gamma_{\beta\mu} = \frac{1}{2} g^{\alpha\gamma} \left(\frac{\partial g_{\alpha\beta}}{\partial x^\mu} + \frac{\partial g_{\alpha\mu}}{\partial x^\beta} - \frac{\partial g_{\beta\mu}}{\partial x^\alpha} \right) \tag{D-5}$$

一般來說，e_α 的導數也仍然是 e_α 的線性組合，將其係數記為$\Gamma^{\mu}_{\alpha\beta}$，叫做克里斯多福符號，如式（D-4）所示。

　　度規張量 $g_{\alpha\beta}$ 實際上是坐標基矢 e_α 的內積：$g_{\alpha\beta} = e_\alpha \cdot e_\beta$。因此，由坐標基矢導數定義的克里斯多福符號與度規張量以及度規張量的導數有關，見表達式（D-5）。

　　上面的公式中，式（D-3）比較式（D-2）而言，除了通常的對向量分量 V^α 的微分之外，還多出了正比於向量 V^α 的額外一項。這一項反映了黎曼流形每一點的切空間上配備的度規張量的變化。這種加上包括克里斯多福符號的額外項一起定義的微分，叫做對向量的協變微分，或稱之為共變導數。（註：「協變微分」中的「協變」，與「協變向量」中的「協變」，完全是兩碼事。）

質能關係簡單推導

首先，在四維時空中，可以根據固有時 τ，定義一個協變的四維速度：

$$U = \begin{pmatrix} U^0 \\ U^1 \\ U^2 \\ U^3 \end{pmatrix} = \begin{pmatrix} \gamma^c \\ \gamma v_x \\ \gamma v_y \\ \gamma v_z \end{pmatrix}$$

其中， $\gamma = \dfrac{1}{\sqrt{1 - \left(\dfrac{v}{2}\right)^2}}$，$c$ 是真空中的光速。

進而就有了協變的四維動量：$P = m\eta_{\mu\nu}U^\nu$。這裡，$\eta_{\mu\nu} = (1，-1，-1，-1)$，為閔考斯基時空的度規張量。四維動量中的時間分量為

$$P_0 = \frac{mc}{\sqrt{1 - \left(\dfrac{v}{c}\right)^c}} \longrightarrow E = P_0 c = \frac{mc^2}{\sqrt{1 - \left(\dfrac{v}{c}\right)^2}}$$

愛因斯坦很快意識到這一項應該被理解為能量，因為當速度 v 大大

小於光速 c 的時候，可以用平方根式的二項式展開而得到：

$$\frac{1}{\sqrt{1-\left(\dfrac{v}{c}\right)^2}} \approx 1+\frac{1}{2}\left(\frac{v}{c}\right)^2 \longrightarrow E=mc^2+\frac{1}{2}mv^2$$

　　E 中包含了兩部分，後面一項顯然是牛頓力學中質量為 m 的粒子動能表達式，而第一項則可看成是粒子內部的能量。當速度 $v=0$ 時，便得到：$E=mc^2$，即眾所周知的質能關係。

用飛船 1 號的坐標系解釋孿生子悖論

　　孿生子悖論問題可以在三個慣性坐標系（地球、飛船 1 號、飛船 2 號）下分析而得到相同的結果，見圖 F-1。

　　劉地所在的地球可以認為是慣性參考系，劉地的世界線總是一條直線，而劉天的運動分別屬於飛船 1 號和飛船 2 號的兩個慣性系，所以劉天的世界線總是由兩段折線組成，在 3 種情形下都是如此。而劉天的年齡則可以算出兩段折線的固有時長度後，再相加即可得到。

　　這裡使用飛船 1 號的勻速運動參考系來解釋這個悖論，如圖 F-1（b）所示。相對於這個參考系，地球以 $0.75c$ 的速度向左一直作勻速運動，因而劉地的世界線是從出發點向左上方的那條斜線 OD，其固有時長度為 60 年。劉天開始的一段世界線是垂直向上的 OB，這段飛船 1 號上的固有時間是 20 年。然後，劉天去到飛船 2 號，飛船 2 號相對於飛船 1 號是向左運動的，對應的那段世界線是 BD。20 年再加上 BD 的固有時長度，便是劉天的年齡。

　　如何計算劉天的 BD 這段世界線的長度呢？我們先計算當地球過了 60 年時，飛船 1 號上的時間過了多少年，也就是計算圖 F-1（b）中的 $T1$

是多少。根據前面分析過的「同時性」，飛船 1 號的太空人認為他自己的時間會比地球上過得快，比例是 2：3。現在是在他的參考系中，那麼他認為，如果地球過了 60 年，他應該已經過了 $60 \times 3/2 = 90$ 年，即 $T1 = 90$ 年。

然後，可以根據閔考斯基時空中的幾何，算出 BD 的長度：

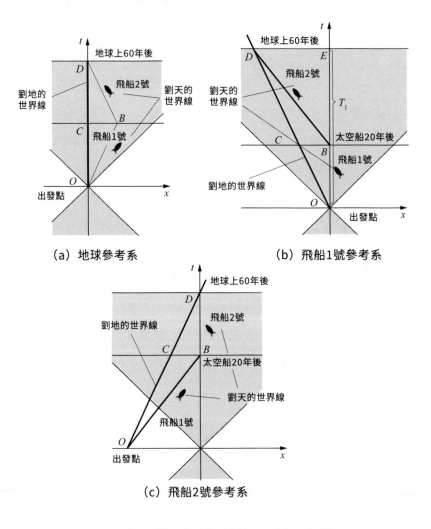

圖 F-1　使用不同的參考系計算雙生子的年齡

$$BD^2 = BE^2 - DE^2 = (OE - OB)^2 - (OE^2 - OD^2)$$

$$= (90 - 20)^2 - (90^2 - 60^2) = 400$$

$$BD = 20 \text{。}$$

因此，劉天的第 2 段固有時也等於 20 年，劉天的年齡便為 40 歲。

同時與異界，多維時空的宇宙奧祕：

孿生子悖論 × 霍金輻射 × 黑洞戰爭 × 史瓦西解，沒把「時空」的問題弄懂，都不知道這些科學家們到底在幹嘛！

作　　者：張天蓉

發 行 人：黃振庭

出 版 者：崧燁文化事業有限公司

發 行 者：崧燁文化事業有限公司

E-mail：sonbookservice@gmail.com

粉 絲 頁：https://www.facebook.com/
　　　　　sonbookss/

網　　址：https://sonbook.net/

地　　址：台北市中正區重慶南路一段六十一號八
　　　　　樓 815 室

Rm. 815, 8F., No.61, Sec. 1, Chongqing S. Rd.,
Zhongzheng Dist., Taipei City 100, Taiwan

電　　話：(02)2370-3310

傳　　真：(02)2388-1990

印　　刷：京峯數位服務有限公司

律師顧問：廣華律師事務所 張珮琦律師

-版權聲明

中文繁體字版由清華大學出版社有限公司授權台
灣崧博出版事業有限公司出版發行。

未經書面許可，不得複製、發行。

定　　價：299 元

發行日期：2023 年 10 月第一版

◎本書以 POD 印製

Design Assets from Freepik.com

國家圖書館出版品預行編目資料

同時與異界，多維時空的宇宙奧
祕：孿生子悖論 × 霍金輻射 × 黑
洞戰爭 × 史瓦西解，沒把「時空」
的問題弄懂，都不知道這些科學家
們到底在幹嘛！/ 張天蓉 著 . -- 第
一版 . -- 臺北市：崧燁文化事業有
限公司，2023.10
面；　公分
POD 版
ISBN 978-626-357-662-9(平裝)
1.CST: 相對論 2.CST: 通俗作品
331.2　　112014762

電子書購買

臉書

爽讀 APP